미래엔이 만든 초등 전과목 온라인 학습 플랫폼

무약정
기간 약정, 기기 약정 없이 학습 기간을 내 마음대로

모든 기기 학습 가능
내가 가지고 있는 스마트 기기로 언제 어디서나

부담 없는 교육비
교육비 부담 줄이고 초등 전 과목 학습 가능

원하는 학습을 마음대로 골라서!
초등 전과목 & 프리미엄 학습을
자유롭게 선택하세요

학교 진도에 맞춰 초등 전과목을 자기주도학습 하고 싶다면?	아이 공부 스타일에 맞춘 AI 추천 지문으로 문해력을 강화하고 싶다면?	하루 30분씩 수준별 맞춤 학습으로 수학 실력을 키우고 싶다면?

국어 수학 사회 과학 영어 **전 과목 교과 학습**	**AI 독해력** 강화솔루션	**AI 수학실력** 강화솔루션

5까지의 수

아기 돼지는 몇 마리일까요?

◎ 아기 돼지의 수만큼 ◯를 따라 그리고 몇 마리인지 세어 봅시다.

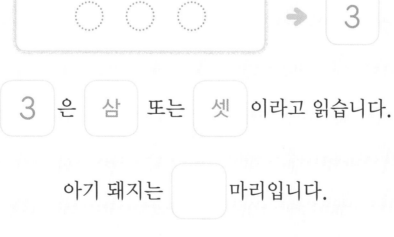

| ◯ ◯ ◯ | → | 3 |

3 은 삼 또는 셋 이라고 읽습니다.

아기 돼지는 ☐ 마리입니다.

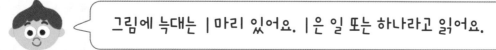

그림에 늑대는 1마리 있어요. 1은 일 또는 하나라고 읽어요.

1 동물의 수만큼 ○를 그리고 수를 써 보세요. 또, 수를 소리내어 읽어 보세요.

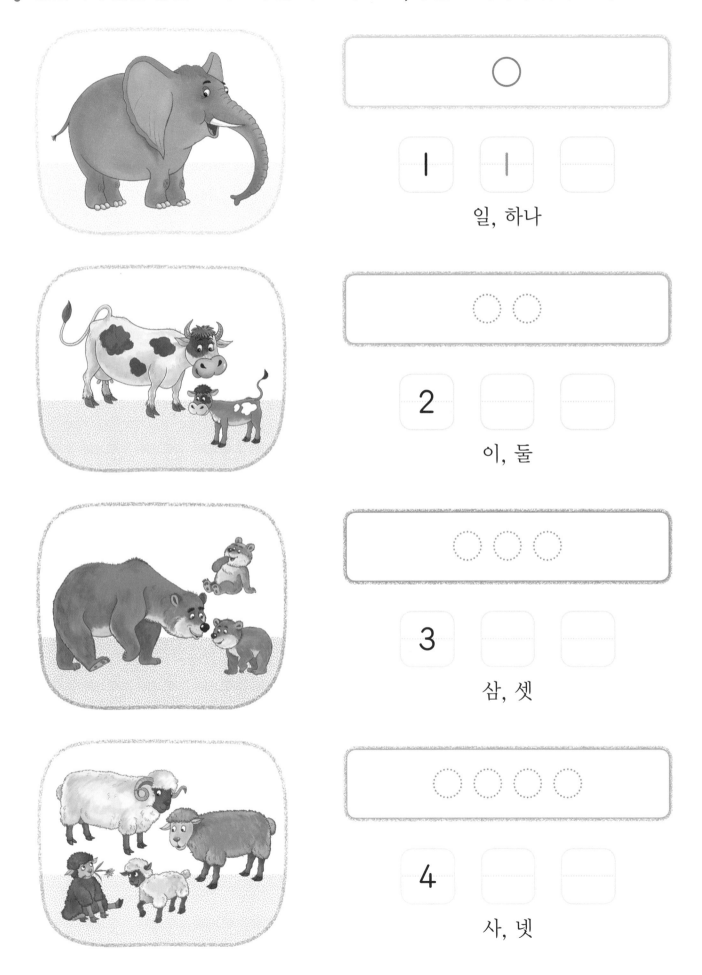

○

| I | I | |

일, 하나

| 2 | | |

이, 둘

| 3 | | |

삼, 셋

| 4 | | |

사, 넷

○ ○ ○ ○ ○

| 5 | | |

오, 다섯

○

| | → | 일 | , | 하나 |

따라 써 보기

2 ■의 수를 세어 쓰고 바르게 읽어 보세요.

■		l	일	
				둘
■ ■ ■			삼	
				넷
■ ■ ■ ■ ■				

◎ ★의 수를 세어 보고 수가 같은 것끼리 이어 보세요.

10까지의 수

무당벌레는 몇 마리일까요?

◉ 무당벌레의 수만큼 ○를 색칠하고 몇 마리인지 세어 봅시다.

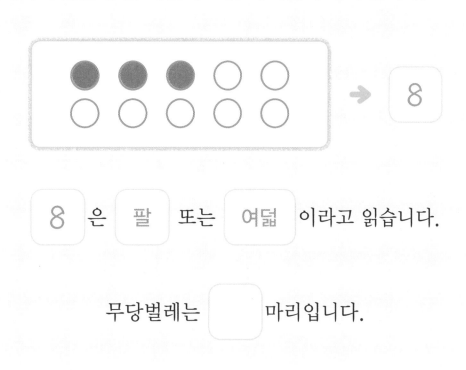

8 은 팔 또는 여덟 이라고 읽습니다.

무당벌레는 [ ] 마리입니다.

1 곤충의 수를 세어 써 보세요. 또, 수를 소리내어 읽어 보세요.

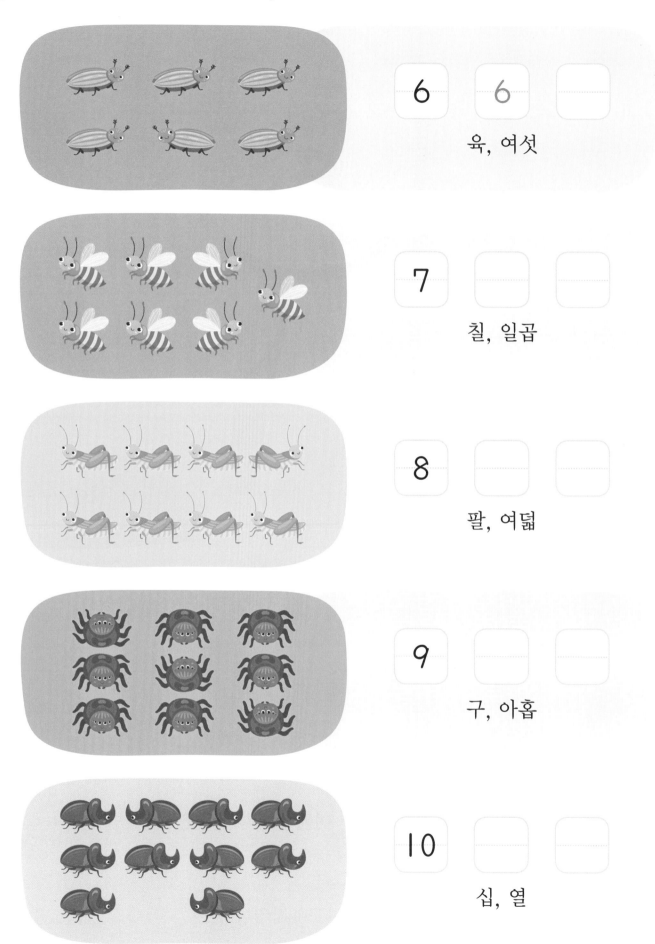

| 6 | 6 | |

육, 여섯

| 7 | | |

칠, 일곱

| 8 | | |

팔, 여덟

| 9 | | |

구, 아홉

| 10 | | |

십, 열

2 나비의 수만큼 ○를 색칠하고 수를 써 보세요.

3 ▲의 수를 세어 쓰고 바르게 읽어 보세요.

◎ 땅속 개미집에는 여러 개의 방이 있어요. 방에 있는 사탕, 고치, 산딸기 수를
세어 각각 써 보세요.

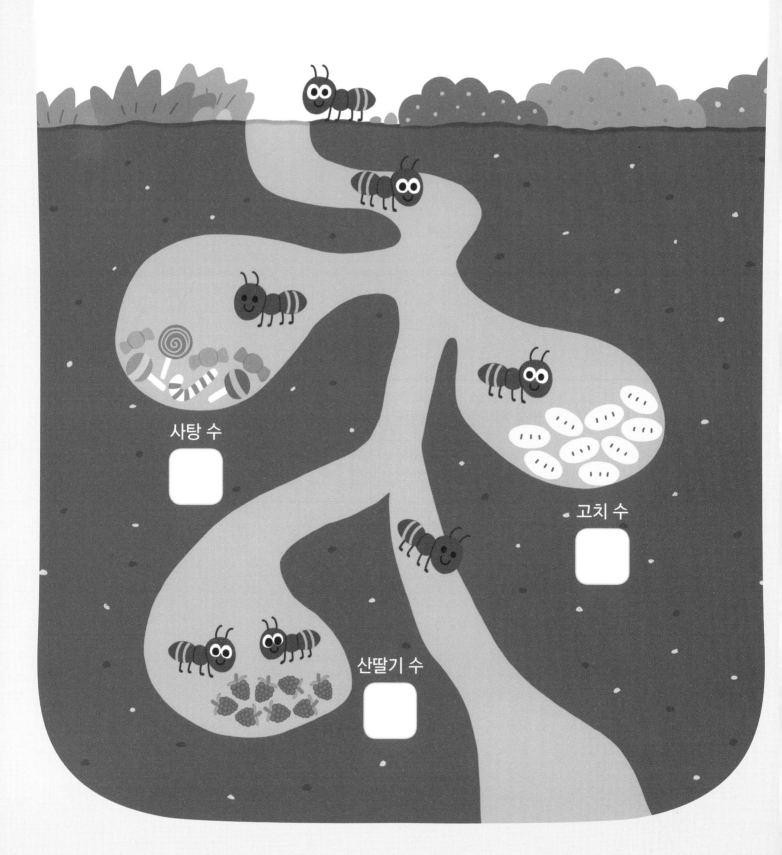

사탕 수

고치 수

산딸기 수

몇째

윤서는 몇째에 있을까요?

윤서

| 앞 | 첫째 | 둘째 | 셋째 | 넷째 | 다섯째 | 여섯째 | 일곱째 | 여덟째 | 아홉째 | 열째 | 뒤 |

◉ 순서에 맞게 이어 보고 윤서는 앞에서 몇째에 있는지 알맞게 색칠해 보세요.

앞 ◯ ◯ ◯ ◯ ◯ ◯ ◯ ◯ ◯ ◯ 뒤

수   1 2 3 4 5 6 7 8 9 10

순서   첫째 둘째 셋째 넷째 다섯째 여섯째 일곱째 여덟째 아홉째 열째

윤서는 앞에서 여섯째 에 있습니다.

1 순서에 맞게 색칠하고, 앞에서 몇째인지 알맞은 말에 ◯표 하세요.

앞 ◯ ● ◯ ◯ ◯ ◯ 뒤

(첫째 , (둘째) , 셋째 , 넷째)

앞 ◯ ◯ ◯ ◯ ◯ ◯ 뒤

(셋째 , 넷째 , 다섯째 , 여섯째)

앞 ◯ ◯ ◯ ◯ ◯ ◯ 뒤

(둘째 , 셋째 , 넷째 , 다섯째)

앞 ◯ ◯ ◯ ◯ ◯ ◯ 뒤

(셋째 , 넷째 , 다섯째 , 여섯째)

2 순서에 맞게 빈칸에 알맞은 말을 써넣으세요.

은 앞에서 [셋째], 뒤에서 [일곱째] 에 있습니다.

은 앞에서 [ ], 뒤에서 [ ] 에 있습니다.

은 앞에서 [ ], 뒤에서 [ ] 에 있습니다.

3 순서에 맞게 이어 보세요.

위에서 넷째 쌓기나무 •

위에서 아홉째 쌓기나무 •

아래에서 다섯째 쌓기나무 •

아래에서 아홉째 쌓기나무 •

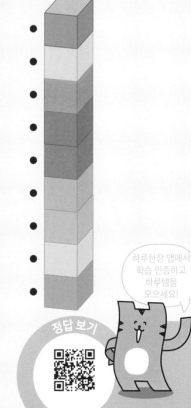

◎ 민호의 사물함은 앞에서 둘째, 수연이의 사물함은 앞에서 다섯째에 놓여 있어요. 사물함의 알맞은 칸에 민호와 수연이의 이름을 써 보세요.

사물함

현우가 그린 동물은 무엇일까요?

◎ 수의 순서에 맞게 점을 이어 현우가 그린 그림을 완성해 봅시다.

수의 순서대로 쓰면 다음과 같습니다.

1 2 3 4 5 6 7 8 9 10

수의 순서를 거꾸로 하여 쓰면 다음과 같습니다.

10 9 8 7 6 5 4 3 2 1

현우가 그린 그림은 물고기 입니다.

1 수의 순서대로 이어 보세요.

2 수의 순서대로 빈칸에 들어갈 수를 찾아 이어 보세요.

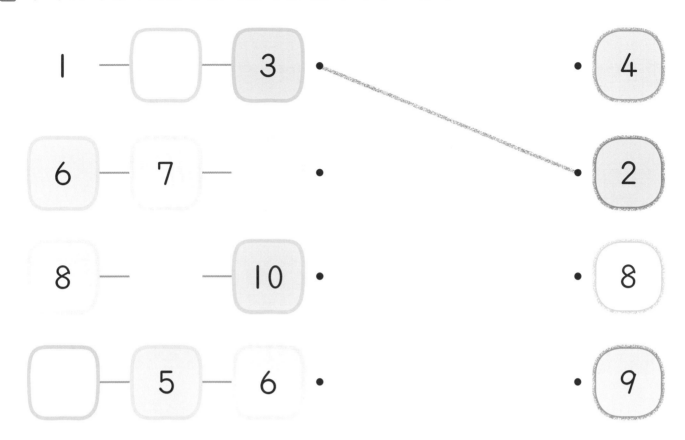

3 수의 순서에 따라 빈칸에 알맞은 수를 써넣으세요.

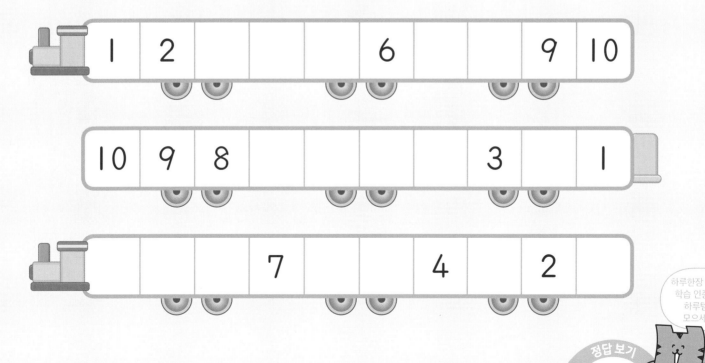

◉ 1부터 10까지 수를 순서대로 따라가면 엄마 여우를 만날 수 있어요.
아기 여우가 엄마 여우에게 가는 길을 찾아 그려 보세요.

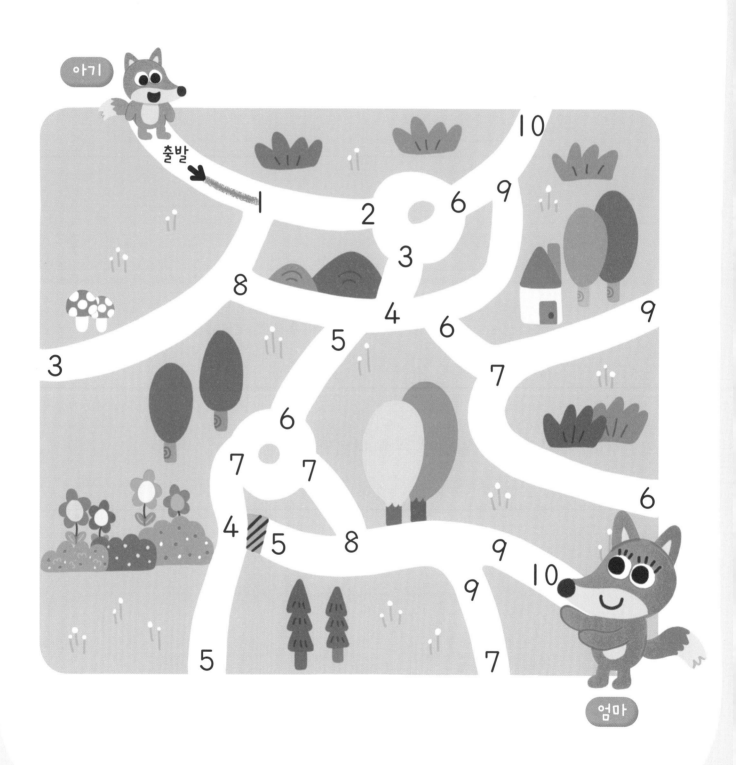

1만큼 더 큰 수와 1만큼 더 작은 수

엄마와 아빠의 달걀프라이는 몇 개일까요?

◉ 달걀프라이의 수만큼 ◌를 따라 그리고 수를 비교해 봅시다.

엄마 [◌   ]　　　　재호 [◌ ◌   ]　　　　아빠 [◌ ◌ ◌]

　　1　　　　　　　　　2　　　　　　　　　3

2보다 1만큼 더 작은 수　　　　　　　　2보다 1만큼 더 큰 수

2보다 1만큼 더 작은 수는 [　　], 2보다 1만큼 더 큰 수는 [　　] 입니다.

 1보다 1만큼 더 작은 수는 0이에요. 0은 영이라고 읽어요.

1 그림의 수보다 1만큼 더 큰 수에 ◯표, 1만큼 더 작은 수에 △표 하세요.

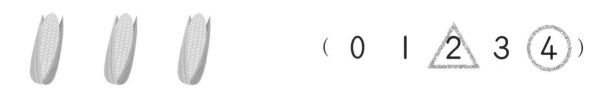

(0 1 △2△ 3 ④)

(2 3 4 5 6)

(4 3 2 1 0)

(8 7 6 5 4)

(5 4 7 6 3)

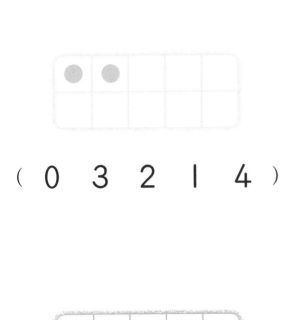

(0 3 2 1 4)

(5 9 8 6 7)

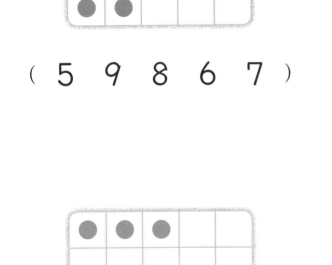

(4 1 0 2 3)

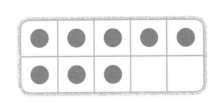

(10 7 8 6 9)

2 빈 곳에 알맞은 수를 써넣으세요.

1만큼 더 작은 수   1만큼 더 큰 수

◯ ·········· 1 ·········· ◯

1만큼 더 작은 수   1만큼 더 큰 수

◯ ·········· 9 ·········· ◯

1만큼 더 작은 수   1만큼 더 큰 수

◯ ·········· 5 ·········· ◯

1만큼 더 작은 수   1만큼 더 큰 수

◯ ·········· 6 ·········· ◯

1만큼 더 작은 수   1만큼 더 큰 수

◯ ·········· 7 ·········· ◯

◎ 친구들이 수박씨를 얼굴에 붙이는 놀이를 하고 있어요. 수박씨를 지호가 붙인 수박씨의 수보다 연주는 1만큼 더 작은 수, 민서는 1만큼 더 큰 수로 붙였어요. 연주와 민서의 얼굴에 알맞은 수의 수박씨를 그려 보세요.

수의 크기 비교

누구의 풍선이 더 많을까요?

◎ 토끼와 여우의 풍선의 수만큼 ◌를 따라 그리고 비교해 봅시다.

토끼 | ◌ ◌ ◌ | | **3**

여우 | ◌ ◌ ◌ ◌ ◌ | **5**

3 은 **5** 보다 작습니다. → **3 < 5**

5 는 **3** 보다 큽니다. → **5 > 3**

다음과 같이 기호로 나타낼 수 있어요.

1 그림의 수만큼 ○를 그리고 그 수를 써 보세요. 또 더 큰 수에 △표 하세요.

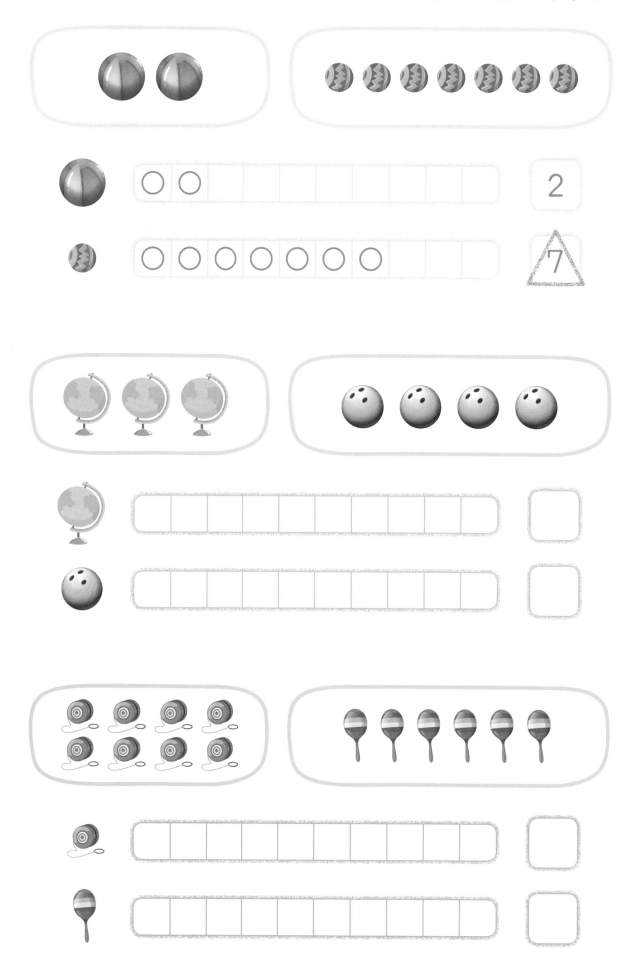

2 구슬의 수를 세어 쓰고 더 큰 수에 ○표 하세요.

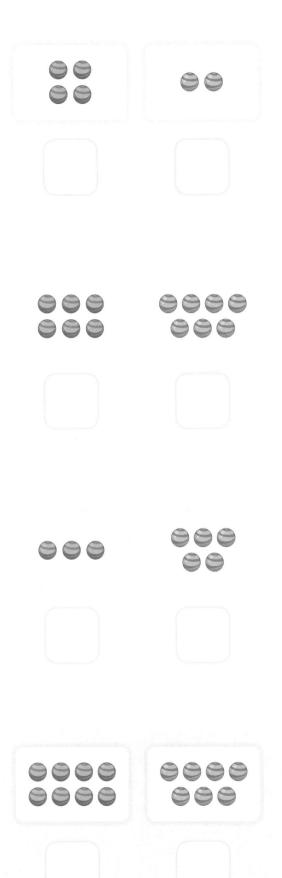

3 두 수의 크기를 비교하여 ◯ 안에 > 또는 < 를 써넣으세요.

1	◯	8

2	◯	3

5	◯	2

8	◯	9

4	◯	6

7	◯	3

정답 보기

◉ 보기 와 같이 도넛이 더 많은 쪽으로 입을 벌리는 그림을 그리려고 합니다. 도넛의 수를 쓰고 두 수의 크기를 비교해 보세요.

9까지의 수 모으기 (1)

카네이션은 모두 몇 송이일까요?

◎ 노란색 카네이션의 수만큼 ◌를, 빨간색 카네이션의 수만큼 △를 따라 그리고 모으기를 해 봅시다.

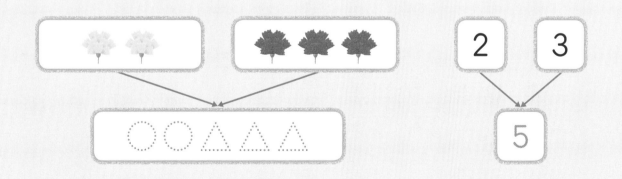

노란색과 빨간색 카네이션은 모두 [ ] 송이입니다.

1 알맞은 수만큼 ◯를 그리고 모으기를 해 보세요.

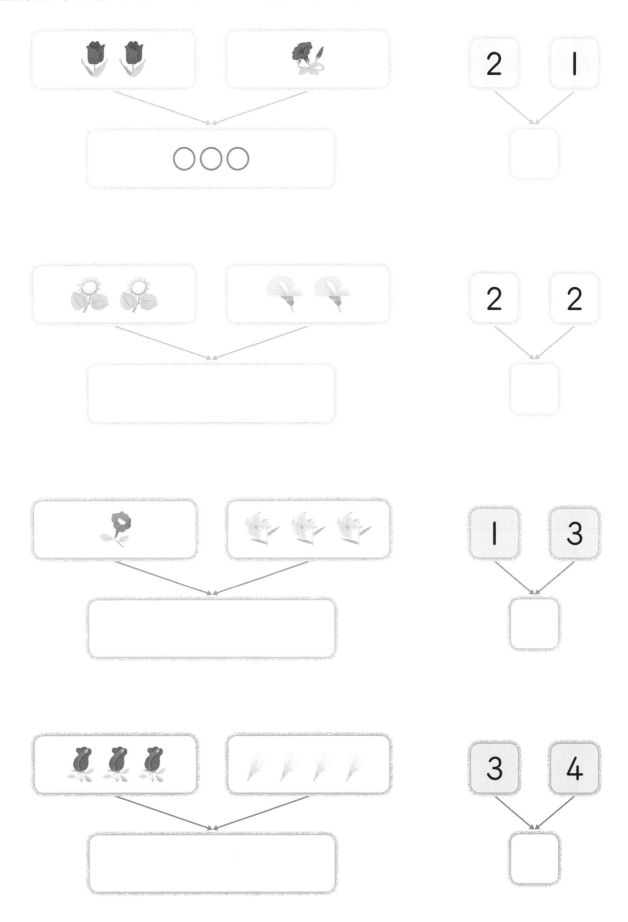

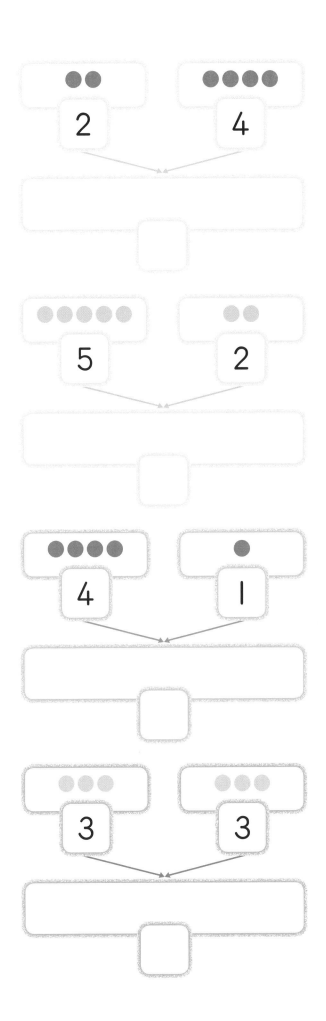

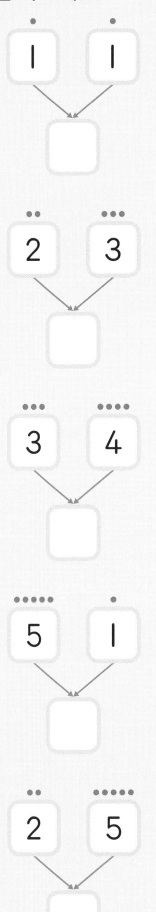

◎ 모아서 7이 되는 수끼리 선으로 이어 나비 모양을 만들어 보세요.

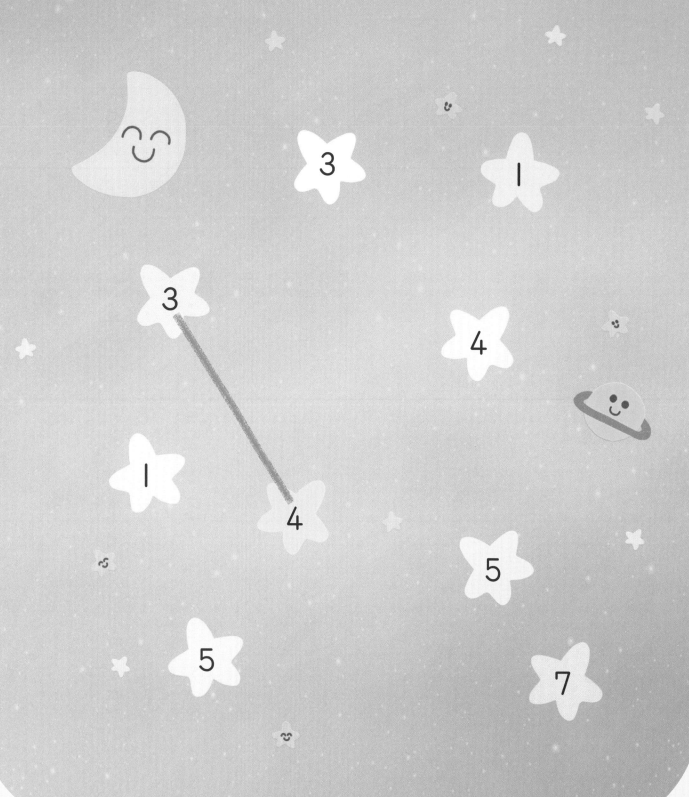

딸기는 모두 몇 개일까요?

지우

수호

◎ 지우와 수호가 딴 딸기의 수만큼 △를 따라 그리고 모으기를 해 봅시다.

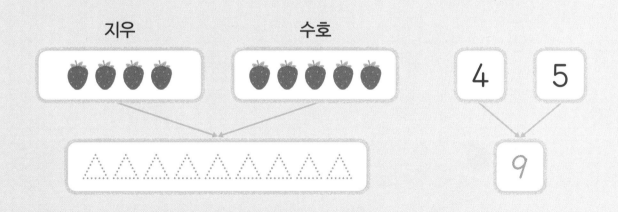

지우와 수호가 딴 딸기는 모두 [ ] 개입니다.

1 알맞은 수만큼 △를 그리고 모으기를 해 보세요.

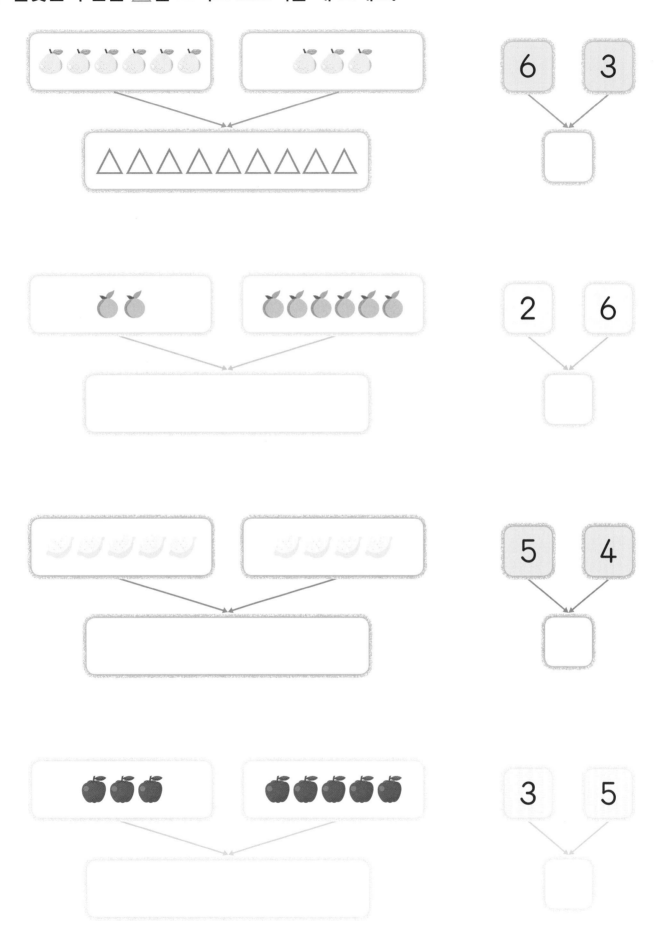

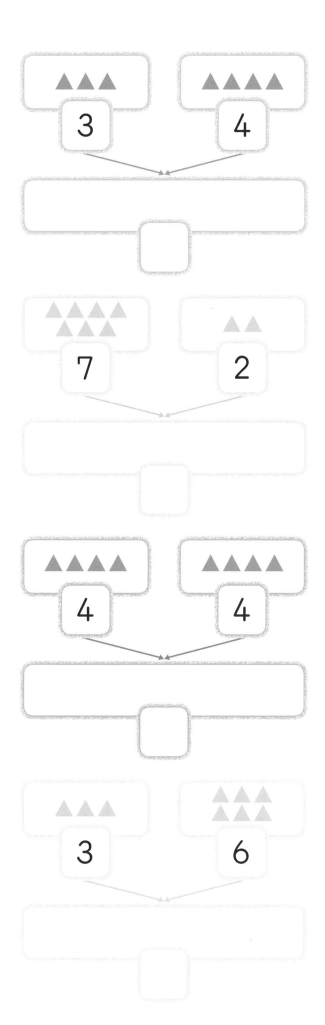

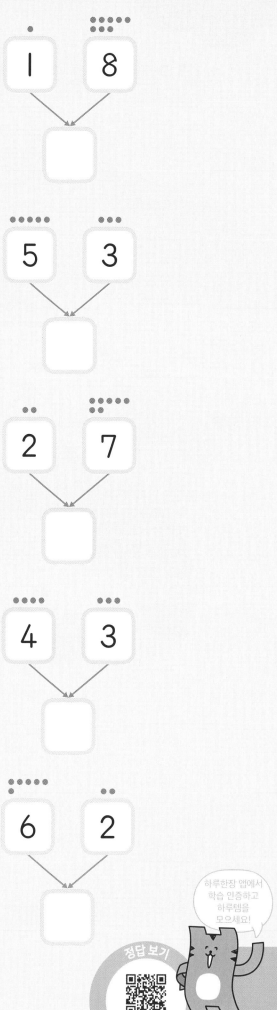

◎ 위의 두 수를 모아서 아래에 쓰는 모으기 퍼즐을 완성해 보세요.

모자를 쓴 난쟁이는 몇 명일까요?

◎ 모자를 쓴 난쟁이의 수만큼 ○를 따라 그리고 가르기를 해 봅시다.

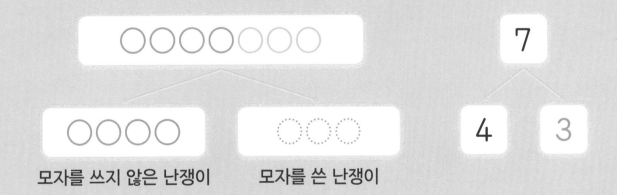

○○○○○○○   7

○○○○   ○○○   4   3

모자를 쓰지 않은 난쟁이   모자를 쓴 난쟁이

모자를 쓴 난쟁이는 ☐ 명입니다.

1 알맞은 수만큼 ○를 그리고 가르기를 해 보세요.

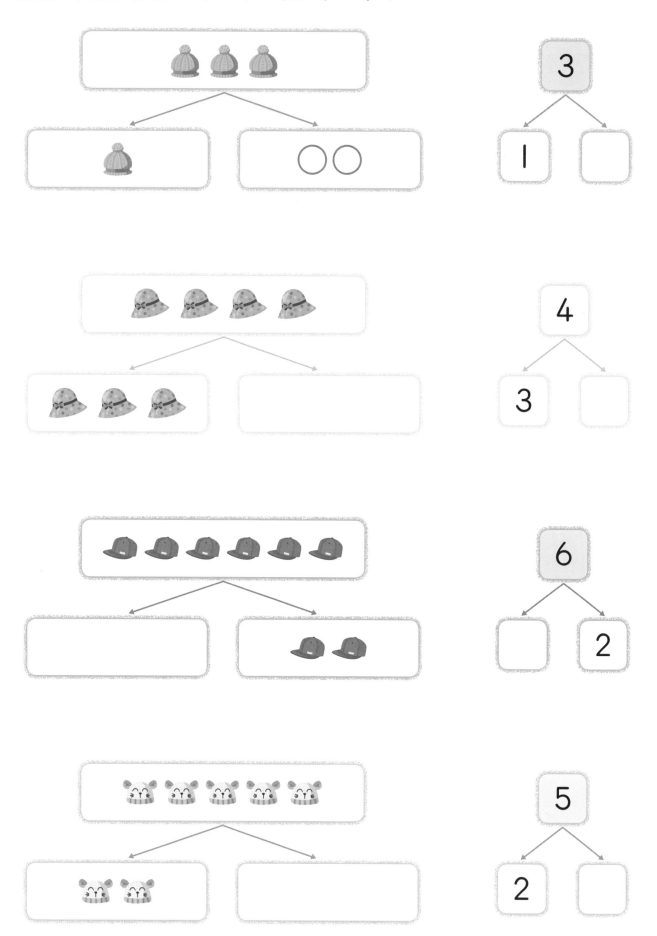

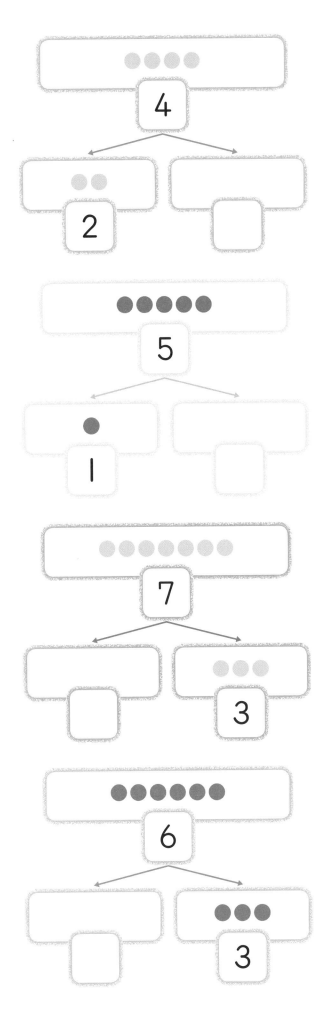

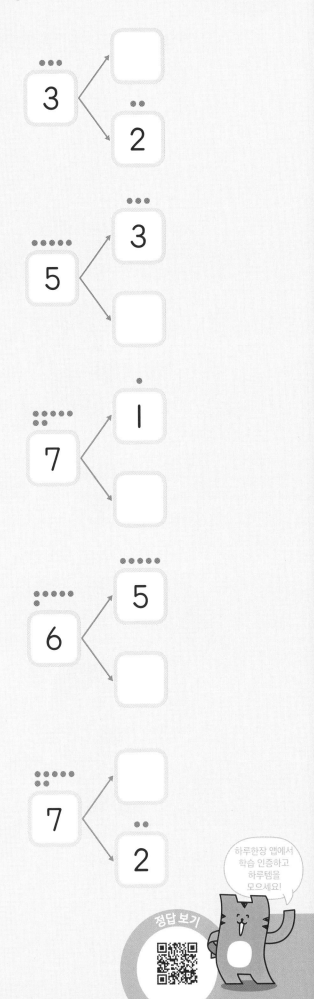

◎ 아영이는 토끼와 거북에게, 준성이는 돼지와 곰에게 복숭아를 나누어 주었어요. 받은 복숭아를 모두 먹었다면 토끼와 돼지의 배에 먹은 복숭아의 수만큼 ○를 그려 보세요.

고구마는 몇 개일까요?

◉ 고구마의 수만큼 ◯를 따라 그리고 가르기를 해 봅시다.

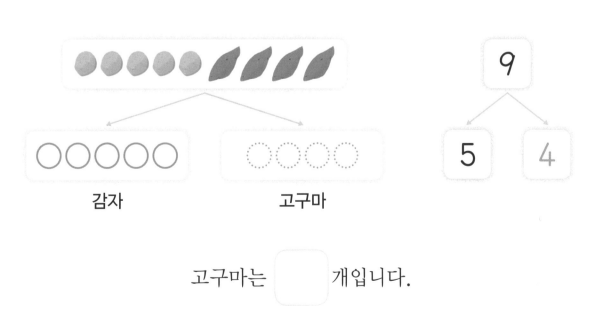

감자

고구마

9

5   4

고구마는 [   ] 개입니다.

1 알맞은 수만큼 △ 를 그리고 가르기를 해 보세요.

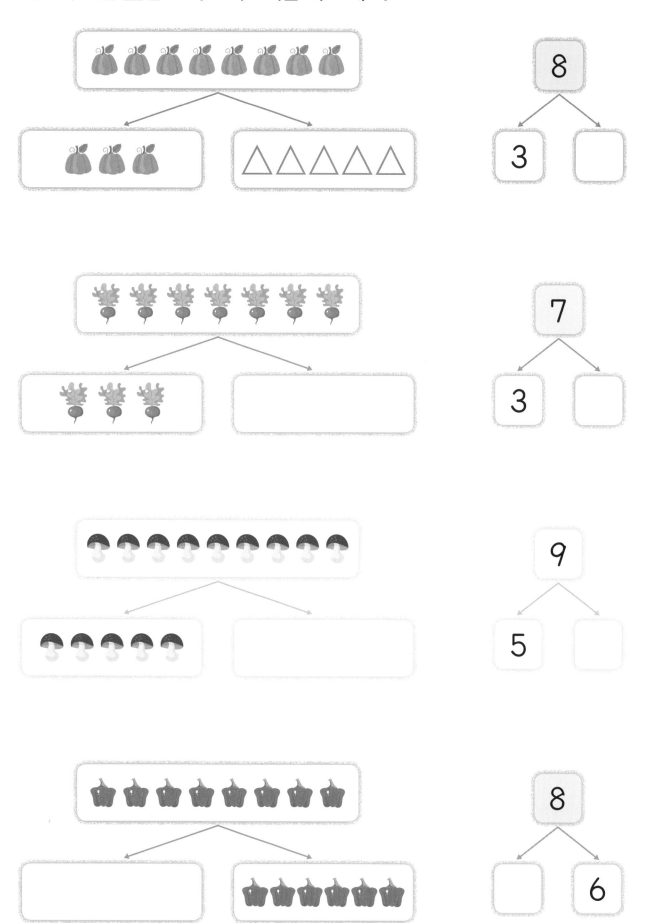

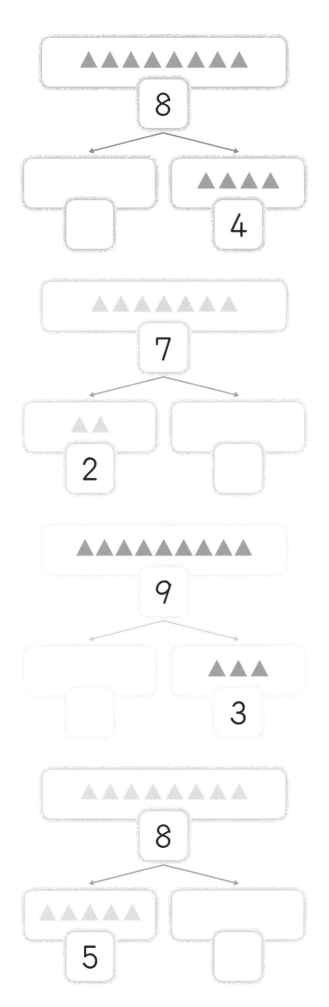

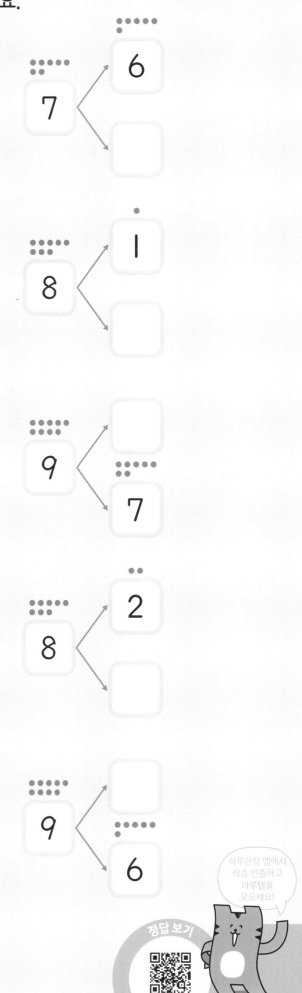

◎ 엄마 다람쥐들이 도토리를 8개씩 모았습니다. 8을 자유롭게 가르기 하여 아
기다람쥐들에게 도토리를 나누어 주세요.

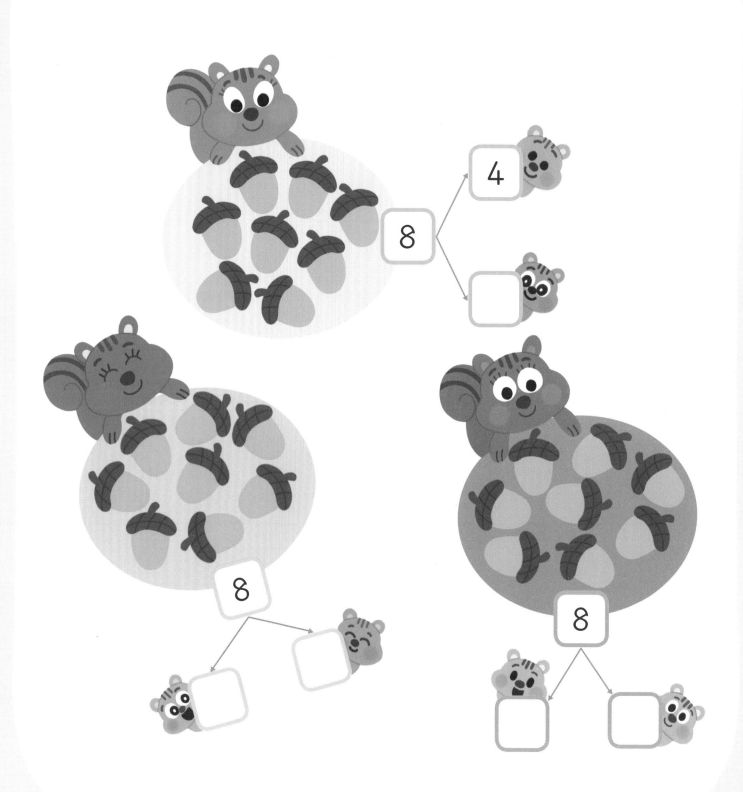

칫솔은 모두 몇 개일까요?

◎ 거울에 걸려 있는 칫솔의 수와 같아지도록 △를 더 그리고 칫솔은 몇 개인지 알아봅시다.

9보다 **1**만큼 더 큰 수를 $\boxed{10}$ 이라고 합니다.

 $\boxed{10}$ 은 $\boxed{십}$ 또는 $\boxed{열}$ 이라고 읽습니다.

거울에 걸려 있는 칫솔은 $\boxed{}$ 개입니다.

1 그림을 보고 빈칸에 알맞은 수를 써넣으세요.

8보다 [ ] 만큼 더 큰 수는 10입니다.

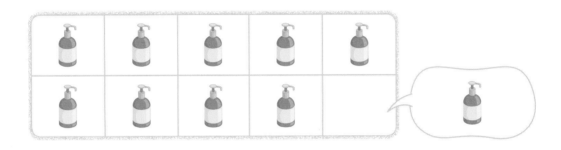

9보다 [ ] 만큼 더 큰 수는 10입니다.

[ ] 보다 3만큼 더 큰 수는 10입니다.

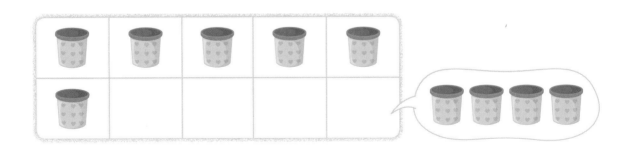

[ ] 보다 4만큼 더 큰 수는 10입니다.

2 10개가 되도록 모양을 더 그려 보세요.

3 순서에 맞게 알맞은 말을 써넣으세요.

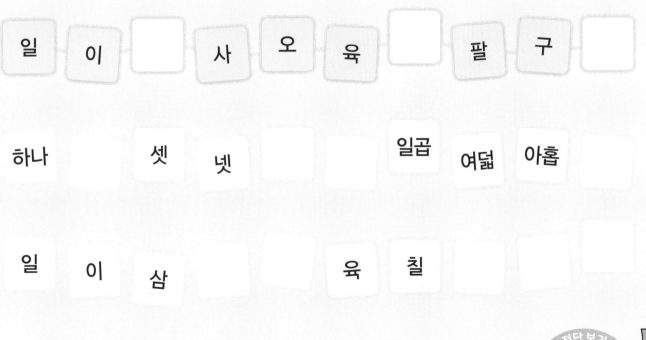

◎ 코끼리가 사탕의 수를 비눗방울에 담아 날려 보내고 있습니다. 잘못 나타낸 비눗방울에 ✕표 하여 터트려 보세요.

토끼는 모두 몇 마리일까요?

◎ 토끼를 10마리씩 묶어 보고 모두 몇 마리인지 세어 봅시다.

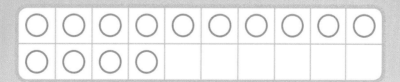

10개씩 묶음의 수	낱개의 수
1	4

14 마리

14 는 십사 또는 열넷 이라고 읽습니다.

1 10개씩 묶고 수를 세어 보세요. 또 수를 알맞게 읽은 것에 ○표 하세요.

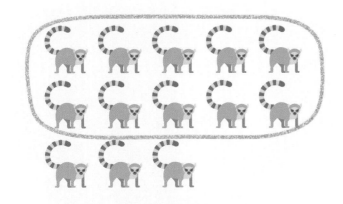

10개씩 묶음의 수	낱개의 수
1	3

13 (십오 , (십삼))

10개씩 묶음의 수	낱개의 수

(십칠 , 십육)

10개씩 묶음의 수	낱개의 수

(열다섯 , 열아홉)

10개씩 묶음의 수	낱개의 수

(열여덟 , 열여섯)

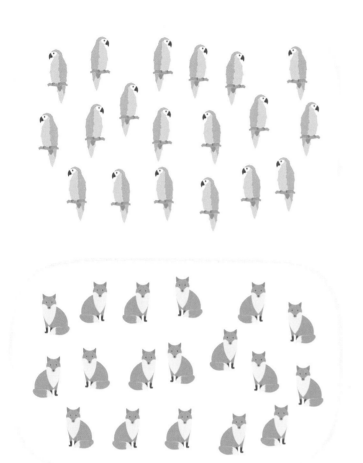

10개씩 묶음의 수	낱개의 수

(십구 , 열일곱)

10개씩 묶음의 수	낱개의 수

(십육 , 열여덟)

2 ○의 수를 세어 빈칸에 알맞은 수나 말을 써 보세요.

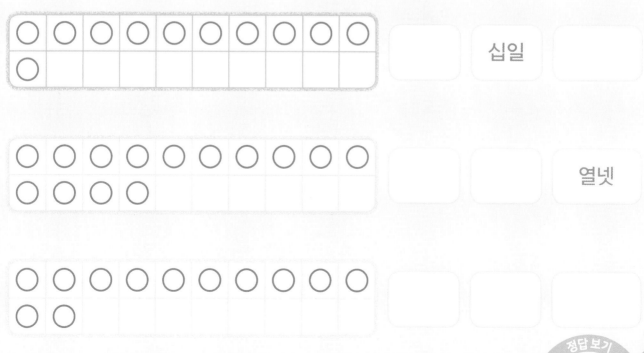

	십일	

		열넷

◎ 고양이가 파리를 잡았습니다. 같은 수를 나타내는 고양이 손과 파리를 이어
보세요.

준희가 모은 붙임 딱지는 모두 몇 개일까요?

◎ 준희가 모은 붙임 딱지의 수만큼 ○를 따라 그리고 모으기 해 봅시다.

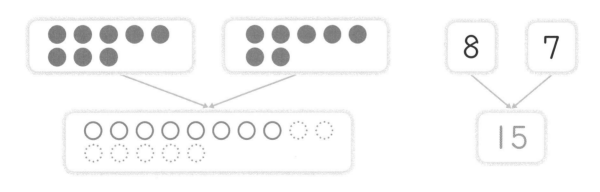

8과 7을 모으면 15 입니다.

준희가 모은 붙임 딱지는 모두 [ ]개입니다.

1 그림을 보고 모으기 해 보세요.

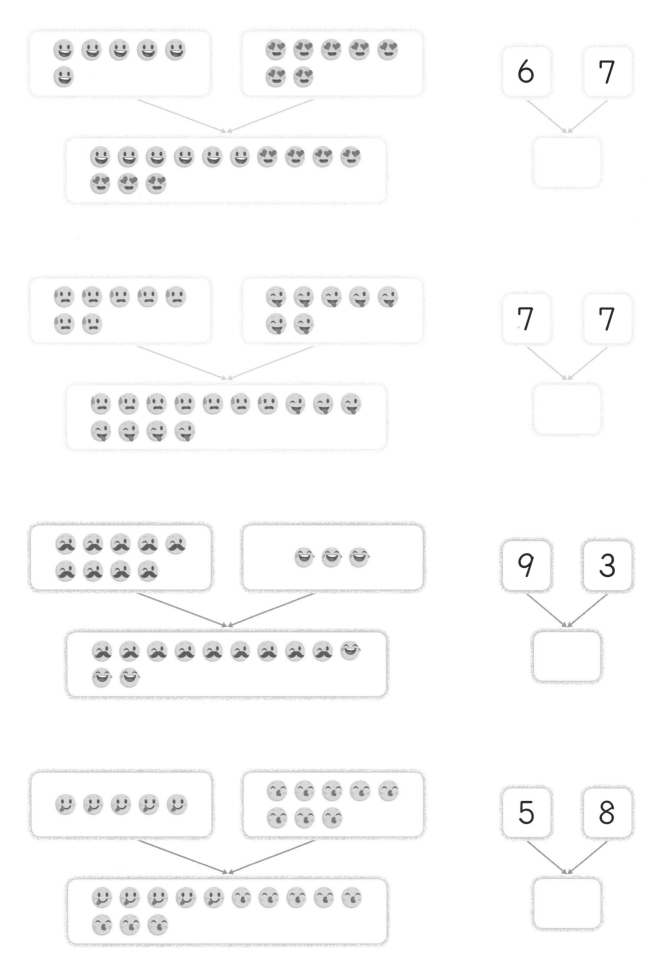

2 ○를 그리고 모으기 해 보세요.

3 모으기 해 보세요.

◎ 흥부 얼굴에 붙은 밥풀은 모두 몇 개인지 모으기 하여 구해 보세요.

밥풀은 모두 ⬜ 개입니다.

남은 반창고는 몇 개일까요?

◎ 반창고 11개 중 2개를 사용했습니다. 남은 반창고의 수만큼 ◌를 따라 그리고 가르기 해 봅시다.

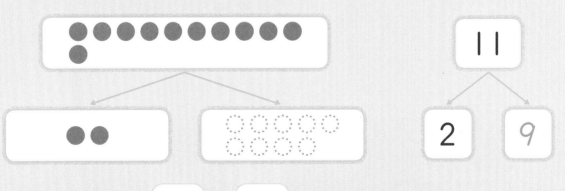

11은 2 와 9 로 가를 수 있습니다.

사용하고 남은 반창고는 [ ] 개입니다.

1 그림을 보고 가르기 해 보세요.

2 ○를 그리고 가르기 해 보세요.

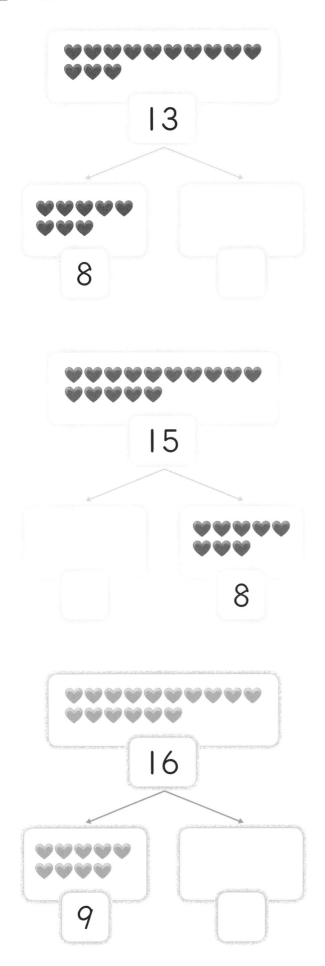

3 가르기 해 보세요.

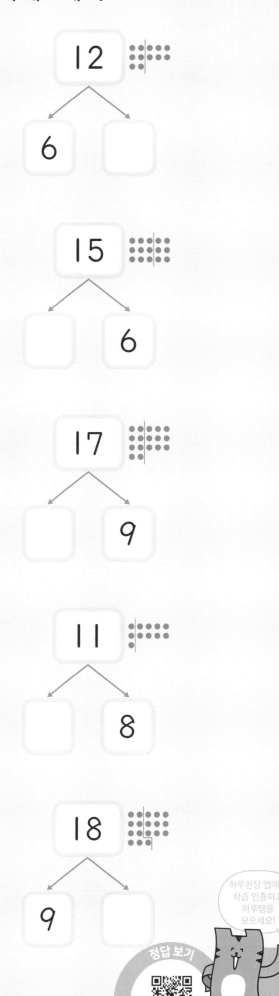

◎ 동물 입에 적힌 수만큼 상자 안에 캐러멜이 들어 있습니다. 보기 와 같이 상
자 속에 보이지 않는 캐러멜의 수만큼 ◯를 그려 보세요.

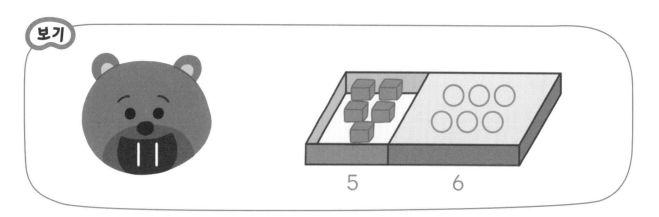

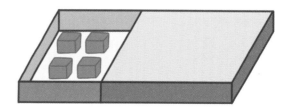

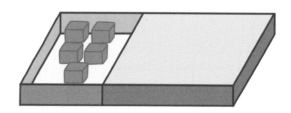

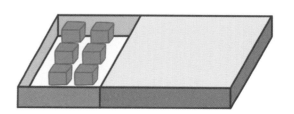

몇십 - 20, 30, 40, 50

만두는 몇 개일까요?

◎ 만두의 수를 세어 봅시다.

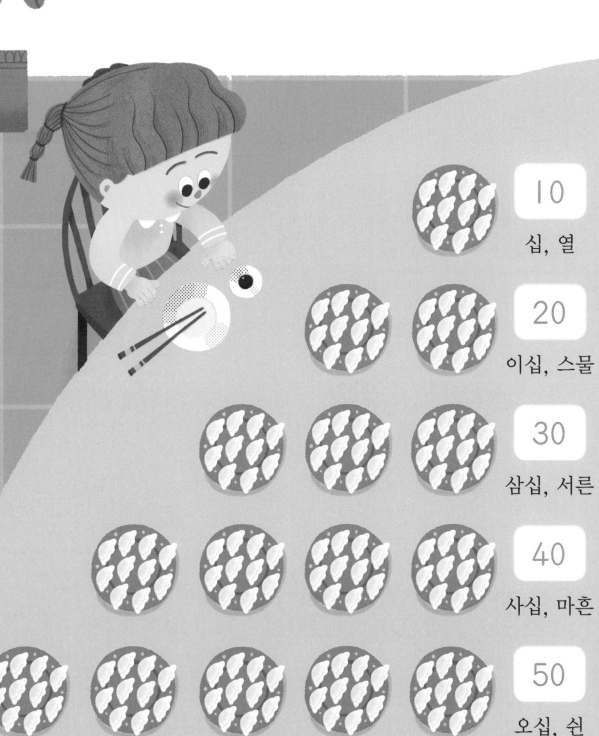

수	이름
10	십, 열
20	이십, 스물
30	삼십, 서른
40	사십, 마흔
50	오십, 쉰

1 그림을 보고 알맞은 수를 쓰고 두 가지 방법으로 읽어 보세요.

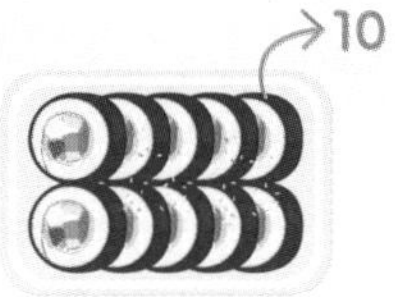

→10

10개씩 ☐1 묶음

10 → 십 , 열

10개씩 ☐ 묶음

☐ → ☐ , ☐

10개씩 ☐ 묶음

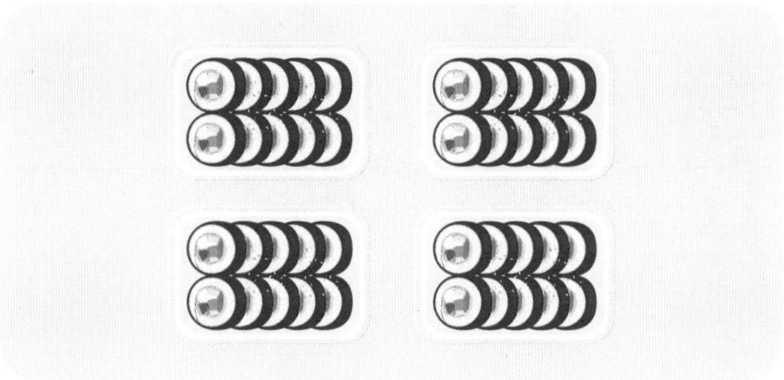

☐ → ☐ , ☐

10개씩 ☐ 묶음

☐ → ☐ , ☐

10개씩 ☐ 묶음

☐ → ☐ , ☐

2 10개씩 묶고 수를 써 보세요.

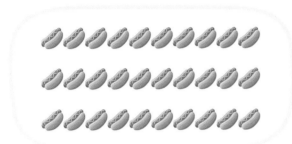

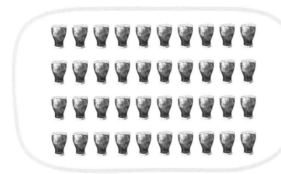

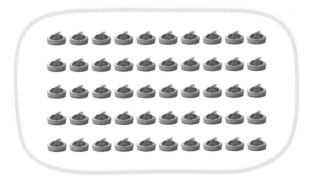

3 수를 두 가지 방법으로 읽어 보세요.

50	오십

30	
	서른

20	이십

10	
	열

40	

◎ 같은 수끼리 같은 색깔로 색칠해 보세요.

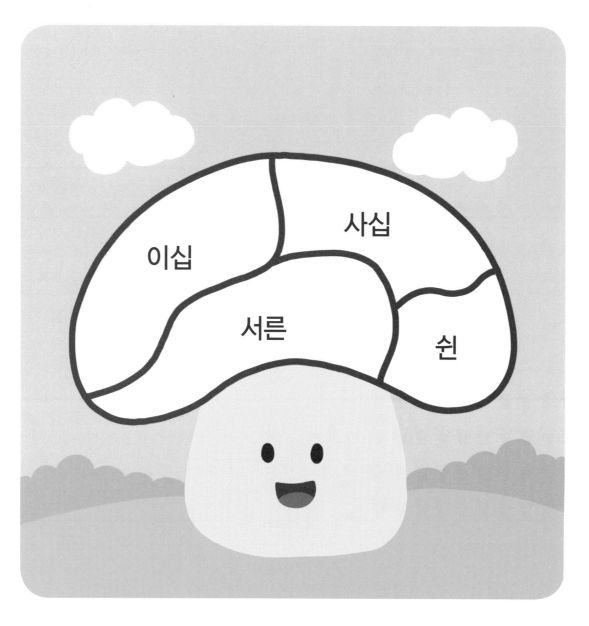

꿀벌은 모두 몇 마리일까요?

◎ 꿀벌을 10마리씩 묶어 보고 모두 몇 마리인지 세어 봅시다.

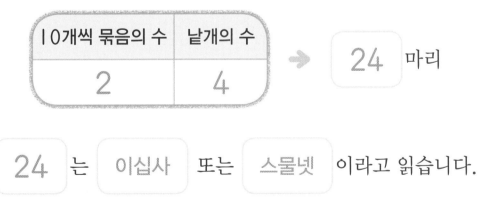

10개씩 묶음의 수	낱개의 수
2	4

➡ 24 마리

24 는 이십사 또는 스물넷 이라고 읽습니다.

수	20	21	22	23	24	25	26	27	28	29
읽기	이십	이십일	이십이	이십삼	이십사	이십오	이십육	이십칠	이십팔	이십구
	스물	스물하나	스물둘	스물셋	스물넷	스물다섯	스물여섯	스물일곱	스물여덟	스물아홉

1 I0개씩 묶고 수를 세어 보세요. 또 수를 알맞게 읽은 것에 ◯표 하세요.

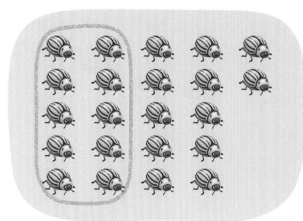

I0개씩 묶음의 수	낱개의 수
2	2

22 (이십이 , 이십삼)

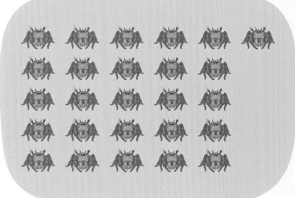

I0개씩 묶음의 수	낱개의 수

(스물다섯 , 스물여섯)

I0개씩 묶음의 수	낱개의 수

(이십육 , 이십구)

I0개씩 묶음의 수	낱개의 수

(스물일곱 , 스물아홉)

2 수를 세어 써 보세요.

3 수를 세어 쓰고 두 가지 방법으로 읽어 보세요.

이십오   25

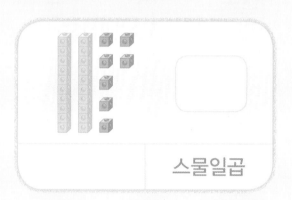

스물일곱

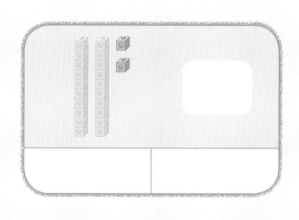

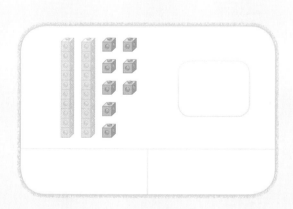

정답 보기

◉ 새의 수와 꽃의 수를 각각 세어 ☐ 안에 알맞은 수를 써넣으세요.

새가 ☐ 마리 날아가요.

꽃이 ☐ 송이 있어요.

30~39까지의 수

아이스크림은 모두 몇 가지일까요?

◎ 아이스크림을 10개씩 묶어 보고 모두 몇 가지인지 세어 봅시다.

10개씩 묶음의 수	낱개의 수
3	3

➜ 33 가지

33 은 삼십삼 또는 서른셋 이라고 읽습니다.

수	30	31	32	33	34	35	36	37	38	39
읽기	삼십	삼십일	삼십이	삼십삼	삼십사	삼십오	삼십육	삼십칠	삼십팔	삼십구
	서른	서른하나	서른둘	서른셋	서른넷	서른다섯	서른여섯	서른일곱	서른여덟	서른아홉

1 10개씩 묶고 수를 세어 보세요. 또 수를 알맞게 읽은 것에 ○표 하세요.

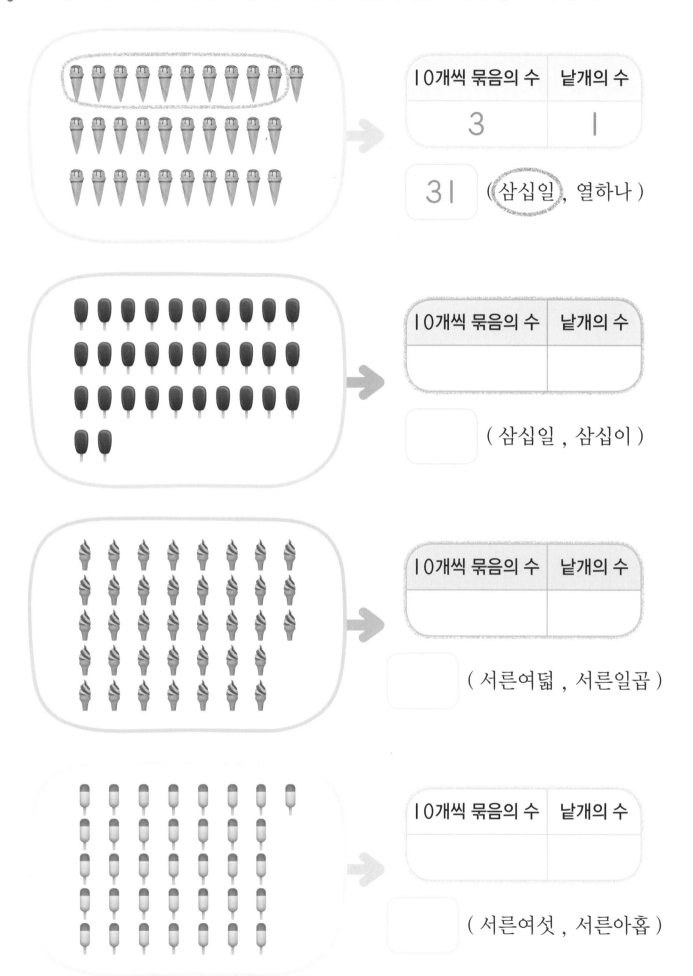

10개씩 묶음의 수	낱개의 수
3	1

31 (삼십일) , 열하나)

10개씩 묶음의 수	낱개의 수

(삼십일 , 삼십이)

10개씩 묶음의 수	낱개의 수

(서른여덟 , 서른일곱)

10개씩 묶음의 수	낱개의 수

(서른여섯 , 서른아홉)

2 수를 세어 써 보세요.

3 수를 세어 쓰고 두 가지 방법으로 읽어 보세요.

삼십이

서른일곱

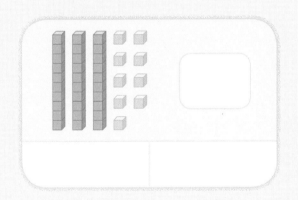

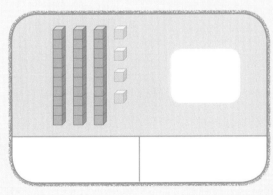

보기 와 같이 초의 수를 세어 몇 살인지 수를 써 보세요.

보기

큰 초	3	개
작은 초	4	개

34 살

큰 초		개
작은 초		개

□ 살

큰 초		개
작은 초		개

□ 살

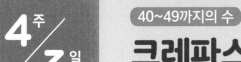

4주 3일

크레파스는 모두 몇 개일까요?

◎ 책상 위에 놓인 크레파스는 모두 몇 개인지 세어 봅시다.

10개씩 묶음의 수	낱개의 수
4	6

46 개

46 은 사십육 또는 마흔여섯 이라고 읽습니다.

수	40	41	42	43	44	45	46	47	48	49
읽기	사십	사십일	사십이	사십삼	사십사	사십오	사십육	사십칠	사십팔	사십구
	마흔	마흔하나	마흔둘	마흔셋	마흔넷	마흔다섯	마흔여섯	마흔일곱	마흔여덟	마흔아홉

1 수를 바르게 쓰고 알맞게 읽은 것에 ○표 하세요.

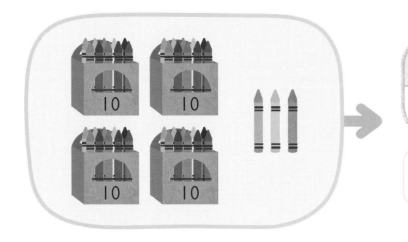

10개씩 묶음의 수	낱개의 수
4	3

43 (사십오 , (사십삼))

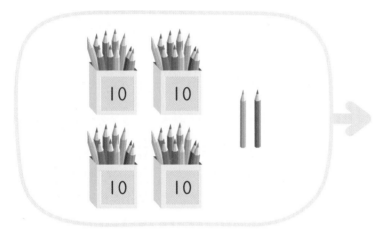

10개씩 묶음의 수	낱개의 수

(마흔둘 , 사십삼)

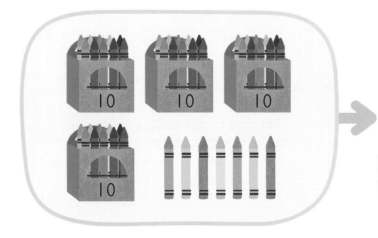

10개씩 묶음의 수	낱개의 수

(마흔일곱 , 마흔여덟)

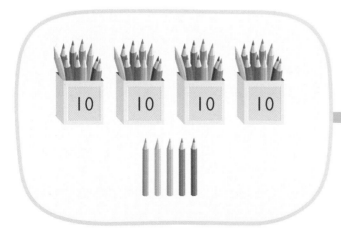

10개씩 묶음의 수	낱개의 수

(사십오 , 마흔넷)

2 수를 세어 써 보세요.

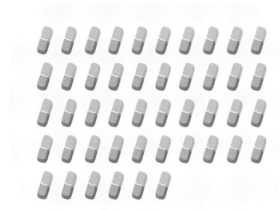

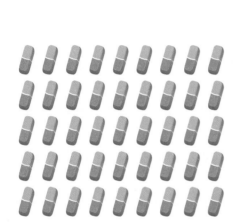

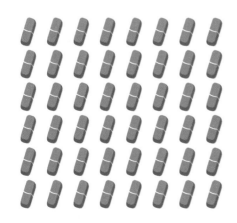

3 수를 세어 쓰고 두 가지 방법으로 읽어 보세요.

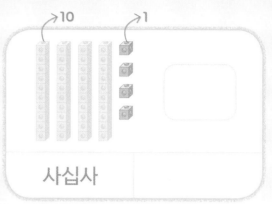

사십사

마흔하나

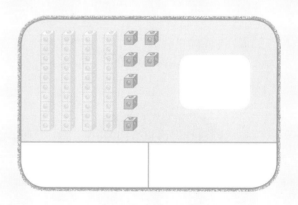

◎ 관련있는 것끼리 이어 친구들의 연을 찾아보세요.

토끼의 집을 찾아가 볼까요?

◎ 토끼가 집을 찾아갈 수 있도록 수를 순서대로 써 봅시다.

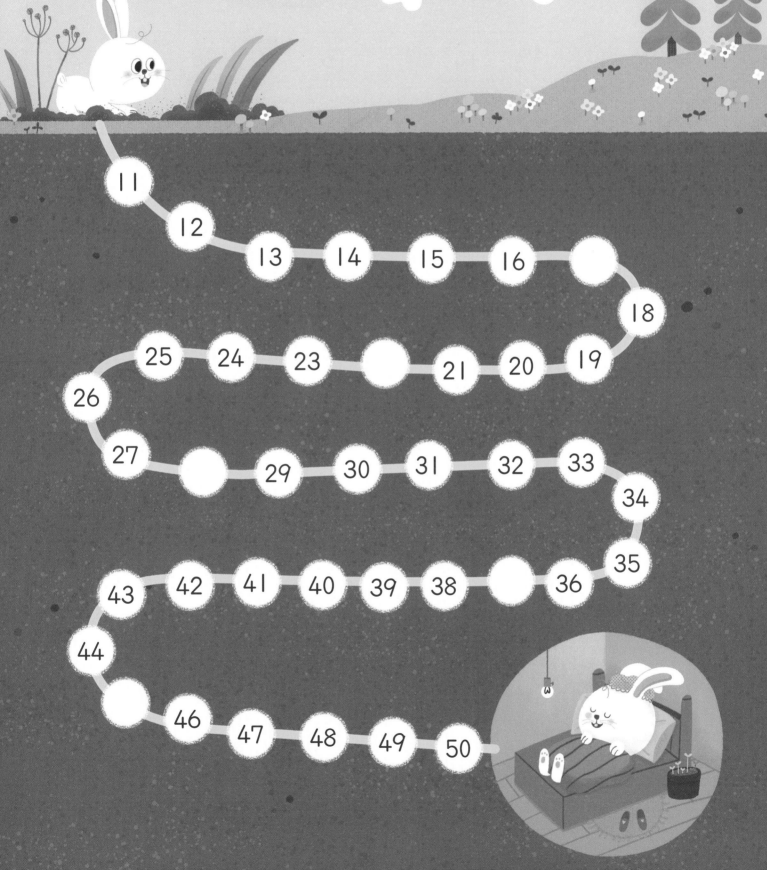

1 수의 순서에 알맞지 않은 수를 찾아 ✕표 하고 바르게 고쳐 보세요.

| 1 | 2 | 3 | 4 | 5 | ✕8 (6) | 7 | 8 | 9 | 10 |

바르게 고쳐요.

| 11 | 12 | 13 | 14 | 15 | 16 | 17 | 28 | 19 | 20 |

| 21 | 22 | 23 | 24 | 35 | 26 | 27 | 28 | 29 | 30 |

| 31 | 32 | 33 | 43 | 35 | 36 | 37 | 38 | 39 | 40 |

| 41 | 42 | 43 | 44 | 45 | 46 | 47 | 48 | 49 | 40 |

2 수의 순서를 생각하여 빈칸에 알맞은 수를 써넣으세요.

1	2	3	4	5	6	7			10	11	12
26	27				31	32	33			36	37

3 빈칸에 두 수 사이에 있는 수를 순서대로 써 보세요.

42 ◯ ◯ 45   19 ◯ ◯ 22

4 1만큼 더 작은 수와 1만큼 더 큰 수를 써 보세요.

1만큼 더 작은 수   1만큼 더 큰 수   1만큼 더 작은 수   1만큼 더 큰 수

12   37

1만큼 더 작은 수   1만큼 더 큰 수   1만큼 더 작은 수   1만큼 더 큰 수

29   45

14	15			18	19	20	21	22		24	25
		41	42	43				47	48	49	50

정답 보기

하루한장 앱에서 학습 인증하고 하루템을 모으세요!

◎ 40부터 50까지 수의 순서대로 선으로 이어 거미집을 완성해 보세요

출발
40   47
                42
49
44   45

                도착
                50
46
                43
41   48

수의 크기 비교

무슨 색 옷걸이가 더 많을까요?

◎ 옷걸이를 10개씩 묶어 세어 보고 두 수의 크기를 비교해 봅시다.

초록색 옷걸이의 수

10개씩 묶음의 수	낱개의 수
2	8

보라색 옷걸이의 수

10개씩 묶음의 수	낱개의 수
2	4

28 개   >   24 개

10개씩 묶음의 수부터 비교하고,
10개씩 묶음의 수가 같으면 낱개의 수를 비교해요.

1 수를 세어 ☐ 안에 알맞게 써넣고, 두 수의 크기를 비교하여 ◯ 안에 >, <를 알맞게 써넣으세요.

2 더 큰 수에 색칠하고 알맞은 말에 ○표 하세요.

13은 18보다 (큽니다 , 작습니다).

32는 16보다 (큽니다 , 작습니다).

27은 25보다 (큽니다 , 작습니다).

41은 44보다 (큽니다 , 작습니다).

3 두 수의 크기를 비교하여 ◯ 안에 >, <를 알맞게 써넣으세요.

| 26 | ◯ | 24 | | 42 | ◯ | 48 |

| 22 | ◯ | 39 | | 47 | ◯ | 28 |

| 37 | ◯ | 31 | | 19 | ◯ | 36 |

◉ 단추의 수를 쓰고 두 수의 크기를 비교하여 더 큰 수 쪽으로 팔을 벌리려고 합니다. 보기 에서 알맞게 벌린 팔을 찾아 기호를 써 보세요.

초콜릿은 몇 개일까요?

◎ 초콜릿의 수를 세어 봅시다.

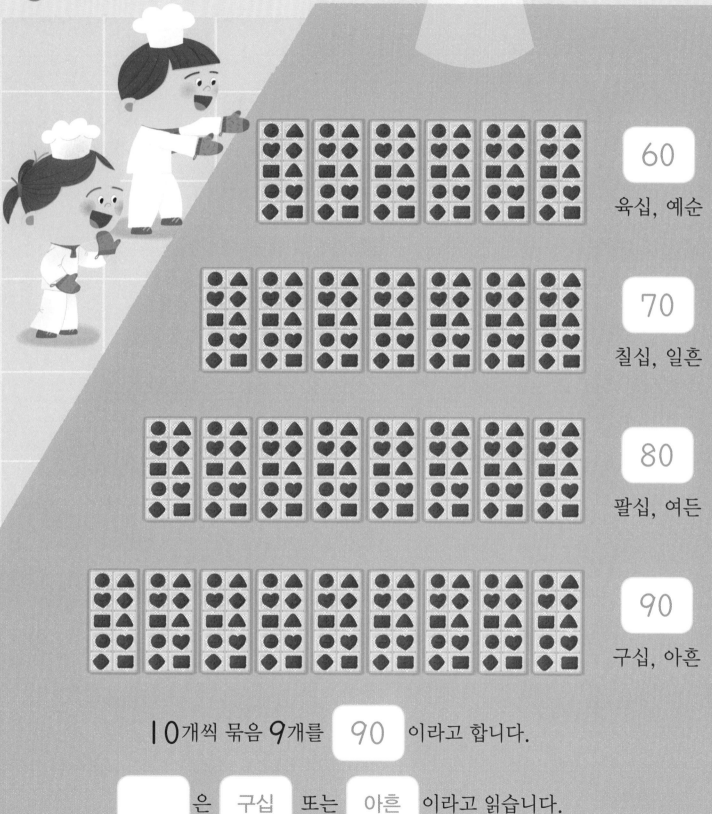

60
육십, 예순

70
칠십, 일흔

80
팔십, 여든

90
구십, 아흔

10개씩 묶음 9개를 90 이라고 합니다.

⬜ 은 구십 또는 아흔 이라고 읽습니다.

1 빈칸에 젤리의 수를 쓰고 바르게 읽은 것과 이어 보세요.

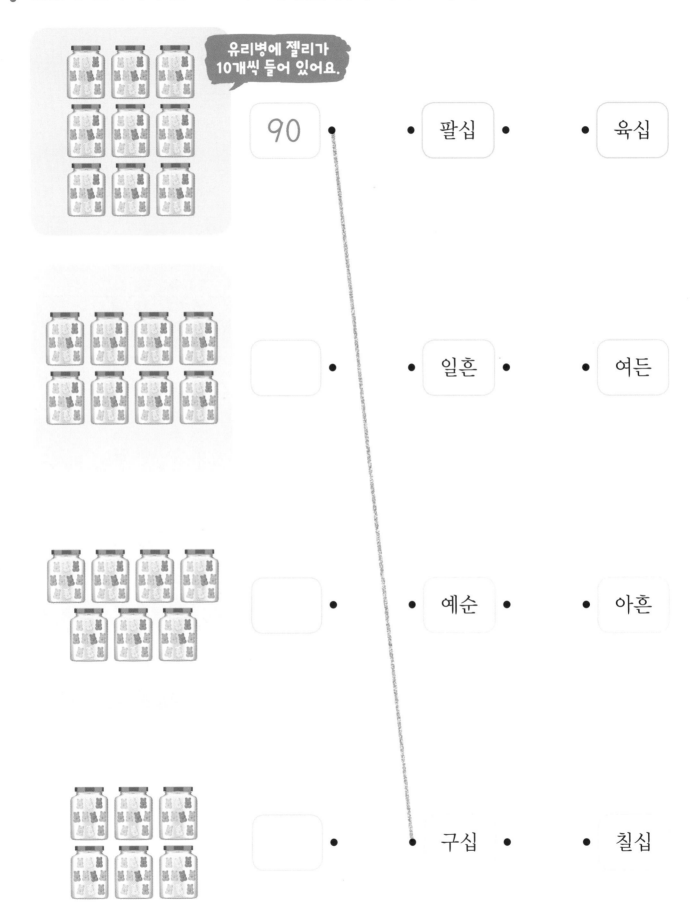

유리병에 젤리가 10개씩 들어 있어요.

90 ● ● 팔십 ● ● 육십

● 일흔 ● ● 여든

● ● 예순 ● ● 아흔

● ● 구십 ● ● 칠십

2 수를 세어 써 보세요.

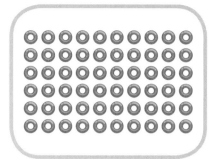

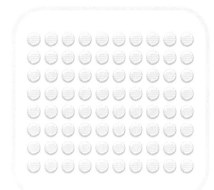

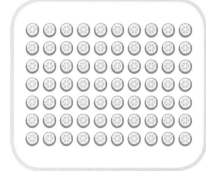

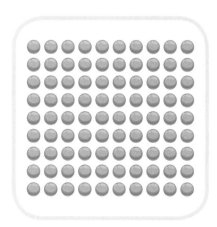

3 왼쪽 수의 10개씩 묶음의 수를 쓰고 두 가지 방법으로 읽어 보세요.

80	10개씩 묶음의 수
	8

팔십 , 여든

70	10개씩 묶음의 수

| , |

90	10개씩 묶음의 수

| , |

60	10개씩 묶음의 수

| , |

하루한장 앱에서
학습 인증하고
하루템을
모으세요!

정답 보기

◎ 같은 수끼리 같은 색깔로 색칠해 보세요.

60 70 80 90

연수가 낸 돈은 얼마일까요?

◎ 10원씩 세어서 돈이 모두 얼마인지 알아봅시다.

10	10	10	10	10	10	10	10	10	10
10	20	30	40	50	60	70	80	90	100

10이 10개이면 100 입니다. ➡ 100 원

100 은 백 이라고 읽습니다.

1 100이 될 수 있도록 ⑩ 을 더 그려 넣고 빈 곳에 알맞은 수를 써넣으세요.

⑩ ⑩ ⑩ ⑩ ⑩ ⑩ ⑩ ⑩ ⑩ ⑩

100은 90보다 [ ] 만큼 더 큰 수입니다.

⑩ ⑩ ⑩ ⑩ ⑩ ⑩ ⑩ ⑩ ⑩ ⑩

100은 70보다 [ ] 만큼 더 큰 수입니다.

⑩ ⑩ ⑩ ⑩ ⑩ ⑩ ⑩ ⑩ ⑩ ⑩

100은 80보다 [ ] 만큼 더 큰 수입니다.

⑩ ⑩ ⑩ ⑩ ⑩ ⑩ ⑩ ⑩ ⑩ ⑩

100은 [ ] 보다 [ ] 만큼 더 큰 수입니다.

⑩ ⑩ ⑩ ⑩ ⑩ ⑩ ⑩ ⑩ ⑩ ⑩

100은 [ ] 보다 [ ] 만큼 더 큰 수입니다.

2 그림을 보고 빈 곳에 알맞은 수를 써넣으세요.

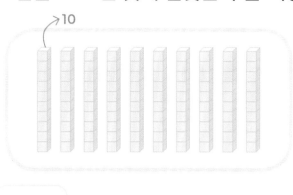 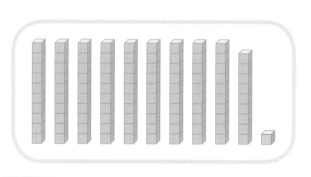

[ ] 이 **10**개이면 **100**입니다.   [ ] 보다 **1** 큰 수는 **100**입니다.

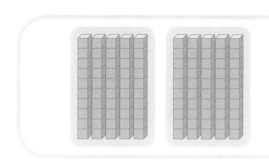 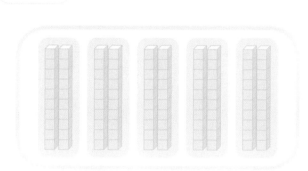

[ ] 씩 **2**묶음이면 **100**입니다.   [ ] 씩 **5**묶음이면 **100**입니다.

3 빈 곳에 알맞은 수를 써넣으세요.

| 30 | 40 | | 60 | | 80 | 90 | |

| 93 | | 95 | 96 | | 98 | | |

| | 99 | | 97 | | 95 | 94 | |

| 20 | | 40 | | 60 | | 80 | |

◉ 가지고 있는 돈으로 사탕을 살 수 있는 어린이를 찾아 ○표 하세요.

51~79까지의 수

색연필은 모두 몇 자루일까요?

◎ 색연필을 10자루씩 묶음의 수와 낱개의 수로 나누어 세어 봅시다.

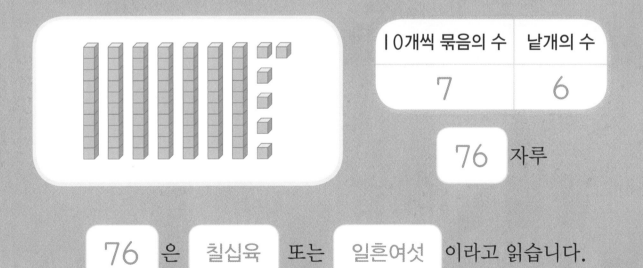

10개씩 묶음의 수	낱개의 수
7	6

76 자루

76 은 칠십육 또는 일흔여섯 이라고 읽습니다.

1 빈칸에 알맞은 수를 써넣으세요.

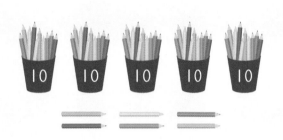

10개씩 묶음의 수	낱개의 수

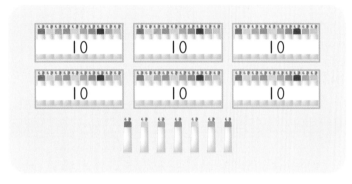

10개씩 묶음의 수	낱개의 수

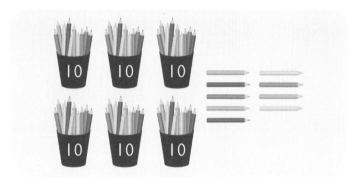

10개씩 묶음의 수	낱개의 수

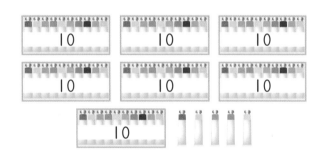

10개씩 묶음의 수	낱개의 수

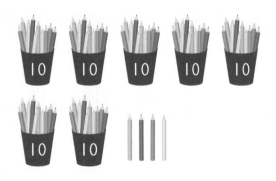

10개씩 묶음의 수	낱개의 수

2 수를 세어 쓰고 두 가지 방법으로 읽어 보세요.

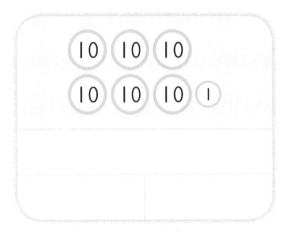

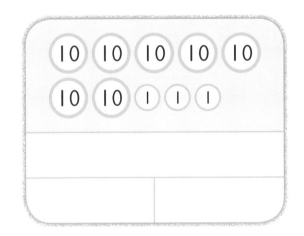

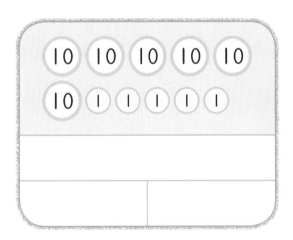

3 색칠된 칸의 수를 써 보세요.

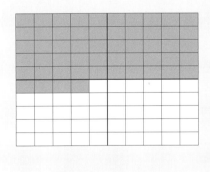

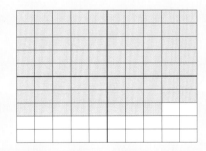

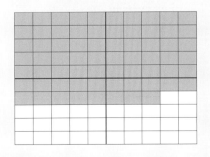

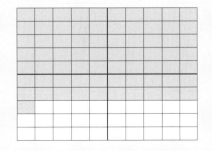

정답 보기

◉ 생쥐가 창고에 치즈를 여러 개 저장해 두었어요. 수 카드의 수와 같은 수만큼 있는 치즈를 묶고 생쥐와 이어 보세요.

블록은 모두 몇 개일까요?

◉ 블록을 10개씩 묶음의 수와 낱개의 수로 나누어 세어 봅시다.

10개씩 묶음의 수	낱개의 수
8	4

84 개

84 는 팔십사 또는 여든넷 이라고 읽습니다.

1 블록의 수를 세어 쓰고 알맞게 읽은 것에 ◯표 하세요.

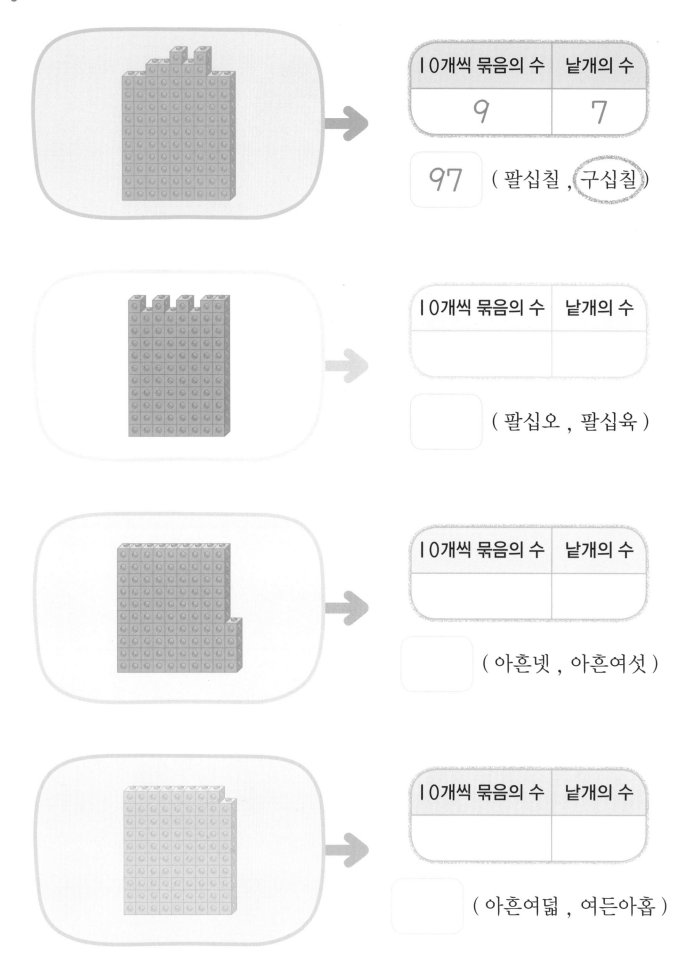

10개씩 묶음의 수	낱개의 수
9	7

97 (팔십칠 , ⟨구십칠⟩)

10개씩 묶음의 수	낱개의 수

(팔십오 , 팔십육)

10개씩 묶음의 수	낱개의 수

(아흔넷 , 아흔여섯)

10개씩 묶음의 수	낱개의 수

(아흔여덟 , 여든아홉)

2 큰 트럭은 10, 작은 승용차는 1을 나타냅니다. 수를 세어 써 보세요.

3 빈칸에 알맞은 수를 써넣으세요.

10개씩 묶음의 수	낱개의 수
9	1

10개씩 묶음의 수	낱개의 수
8	2

10개씩 묶음의 수	낱개의 수
9	3

10개씩 묶음의 수	낱개의 수
8	4

10개씩 묶음의 수	낱개의 수
9	8

정답 보기

◎ 지유가 쓴 일기입니다. 빈 곳에 알맞은 수를 써넣어 일기를 완성해 보세요.

2〇〇〇년 〇월 〇일　　　　　　　　　　날씨:

나는 오늘 산에 가서 아빠와 함께 밤을 주웠다.

주운 밤은 10개씩 묶음 [　] 개, 낱개 [　] 개로 모두 [　] 개였다.

힘들지만 즐거운 시간이었다.

엄마를 찾아가 볼까요?

◎ 아기 펭귄이 엄마 펭귄을 찾아갈 수 있도록 수를 순서대로 써 봅시다.

1 수의 순서에 알맞지 않은 수를 찾아 ✕표 하고 바르게 고쳐 보세요.

| 51 | 52 | 53 | 54 | 55 | ~~65~~ | 57 | 58 | 59 | 60 |

56

| 61 | 62 | 63 | 54 | 65 | 66 | 67 | 68 | 69 | 70 |

| 71 | 72 | 73 | 74 | 75 | 76 | 77 | 78 | 89 | 80 |

| 81 | 82 | 83 | 84 | 58 | 86 | 87 | 88 | 89 | 90 |

| 91 | 92 | 93 | 94 | 95 | 96 | 97 | 98 | 99 | 10 |

2 수의 순서를 생각하여 빈칸에 알맞은 수를 써넣으세요.

| 51 | 52 | 53 | 54 | 55 | | | 59 | 60 | 61 | 62 |
| 76 | 77 | | 79 | 80 | | 82 | 83 | | 85 | 86 | 87 |

3 빈칸에 두 수 사이에 있는 수를 순서대로 써 보세요.

75 [ ] [ ] [ ] [ ] 80

86 [ ] [ ] [ ] 91

4 동물이 말하는 수보다 1만큼 더 작은 수와 1만큼 더 큰 수를 써 보세요.

1만큼 더 작은 수	60	1만큼 더 큰 수		1만큼 더 작은 수	88	1만큼 더 큰 수

1만큼 더 작은 수	73	1만큼 더 큰 수		1만큼 더 작은 수	99	1만큼 더 큰 수

64		66	67	68				72	73	74	75
89	90			93	94	95	96			99	100

◎ 70부터 95까지의 수를 순서대로 이어 보세요.

출발

수의 크기 비교

어느 주머니에 들어 있는 빵이 더 적을까요?

◎ 빵을 10개씩 묶음의 수와 낱개의 수로 나누어 세어 보고 두 수의 크기를 비교해 봅시다.

빨간색 주머니

10개씩 묶음의 수	낱개의 수
7	4

노란색 주머니

10개씩 묶음의 수	낱개의 수
7	6

74 개 < 76 개

[   ] 는 [   ] 보다 작습니다.

10개씩 묶음의 수가 같으면
낱개의 수가 작을수록 작은 수예요.

1 수를 세어 ☐ 안에 써넣고, 두 수의 크기를 비교하여 ◯ 안에 >, <를 알맞게 써넣으세요.

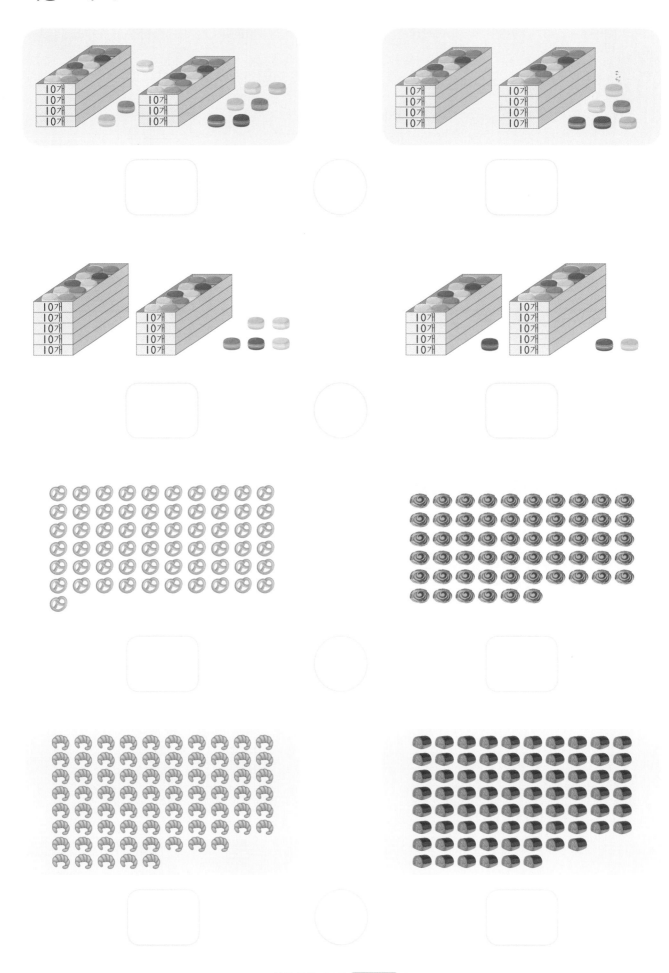

2 알맞은 수를 쓰고 더 큰 수에 ○표 하세요.

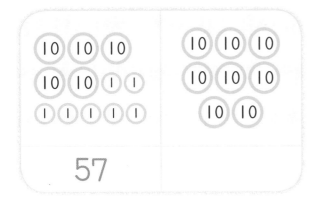

57

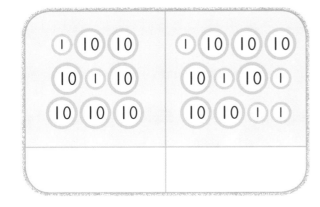

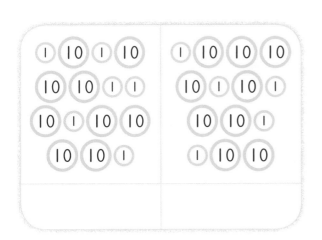

3 두 수의 크기를 비교하여 ◯ 안에 >, <를 알맞게 써넣으세요.

54 ◯ 55

69 ◯ 71

70 ◯ 68

59 ◯ 95

83 ◯ 81

99 ◯ 97

◎  은 10을, 은 1을 나타냅니다. 판다가 모은 대나무 잎이 나타내는

수를 쓰고 더 큰 수를 나타내는 대나무 잎을 가진 판다를 찾아 ○표 하세요.

어린이 수는 짝수일까요, 홀수일까요?

샛별반

⬜ 명

고운반

⬜ 명

◎ 반별 친구 수를 쓰고 2명씩 짝을 지어 묶어 봅시다.

샛별반 친구는 2명씩 짝을 지어 묶을 수 있습니다.

고운반 친구는 2명씩 짝을 지어 묶으면 ⬜1 명이 남습니다.

짝수는 2, 4, 6, 8, 10과 같이 둘씩 짝을 지을 수 있는 수이고,
홀수는 1, 3, 5, 7, 9와 같이 둘씩 짝을 짓고 하나가 남는 수입니다.

샛별반 친구 수 6은 짝수 , 고운반 친구 수 7은 홀수 입니다.

1 2개씩 묶어 수를 세고 짝수인지 홀수인지 알맞은 말에 ○표 하세요.

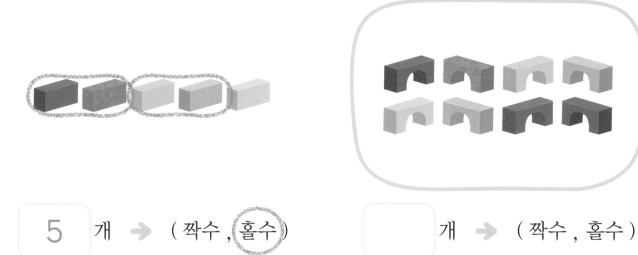

5 개 ➡ (짝수 , ⬭홀수⬯)

☐ 개 ➡ (짝수 , 홀수)

☐ 개 ➡ (짝수 , 홀수)

☐ 개 ➡ (짝수 , 홀수)

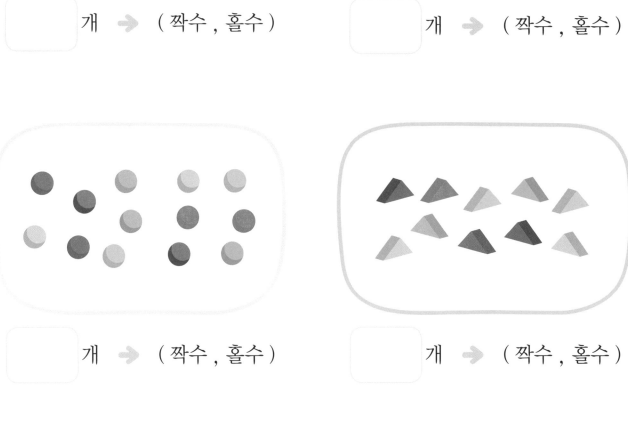

☐ 개 ➡ (짝수 , 홀수)

☐ 개 ➡ (짝수 , 홀수)

2 짝수가 적힌 칸에 모두 색칠하세요.

1	2	3
4	5	6
7	8	9

13	14	15
23	24	25
33	34	35

5	22	11
16	1	20
3	21	6

10	11	12
17	18	19
28	29	30

3 펼친 손가락의 수를 세어 쓰고 알맞은 말에 ○표 하세요.

7

(짝수 , 홀수)

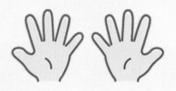

(짝수 , 홀수)

(짝수 , 홀수)

(짝수 , 홀수)

하루한장 앱에서 학습 인증하고 하루템을 모으세요!

정답 보기

◉ 고양이는 짝수, 곰은 홀수가 쓰인 물고기를 모두 잡았어요. 고양이가 잡은 물고기에는 ○표, 곰이 잡은 물고기에는 △표 하세요.

규칙에 따라 뛰어 세기

규칙에 따라 색칠해 볼까요?

공부한날

월

일

◎ 1부터 2씩 커지게 뛰어 센 수에 주황색, 2부터 2씩 커지게 뛰어 센 수에 연두색을 색칠해 봅시다.

1	2	3	4		
5	6	7	8	9	10
11	12	13	14	15	16
17	18	19	20	21	22
23	24	25	26	27	28
29	30	31	32		

1 도마뱀이 2칸씩 뛰고 있습니다. 도마뱀이 뛴 곳의 수를 색칠하고, 화살표로 나타내어 보세요.

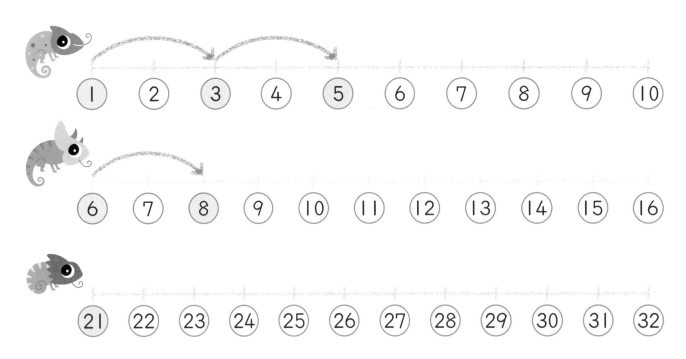

2 2씩 뛰어 세어 빈칸에 알맞은 수를 써 보세요.

3 10부터 2씩 뛰어 센 수를 따라가며 원숭이가 바나나까지 가는 길을 그려 보세요.

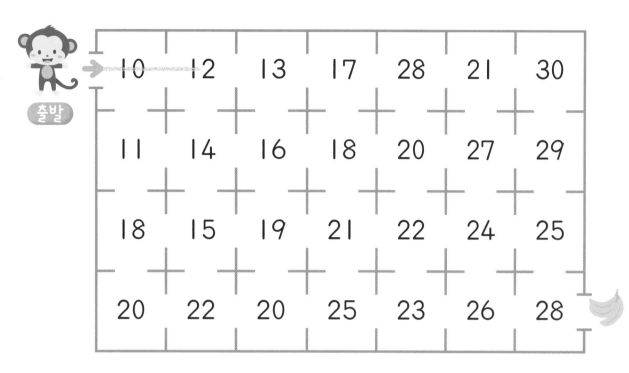

10	12	13	17	28	21	30
11	14	16	18	20	27	29
18	15	19	21	22	24	25
20	22	20	25	23	26	28

출발

4 2씩 뛰어 세어 빈칸에 알맞은 수를 써 보세요.

7 9 　 13 　 　 　

10 12 　 　 18 20 　

23 　 27 　 31 　 35

30 32 　 　 38 　 42

◎ 13부터 2씩 뛰어 센 수를 따라가면 집을 찾을 수 있어요. 후니와 재니가 집까지 가는 길을 그리고 도착한 집에 ○표 하세요.

수 배열표를 완성해 볼까요?

◎ 1부터 100까지의 수를 순서대로 써넣어 수 배열표를 완성해 봅시다.

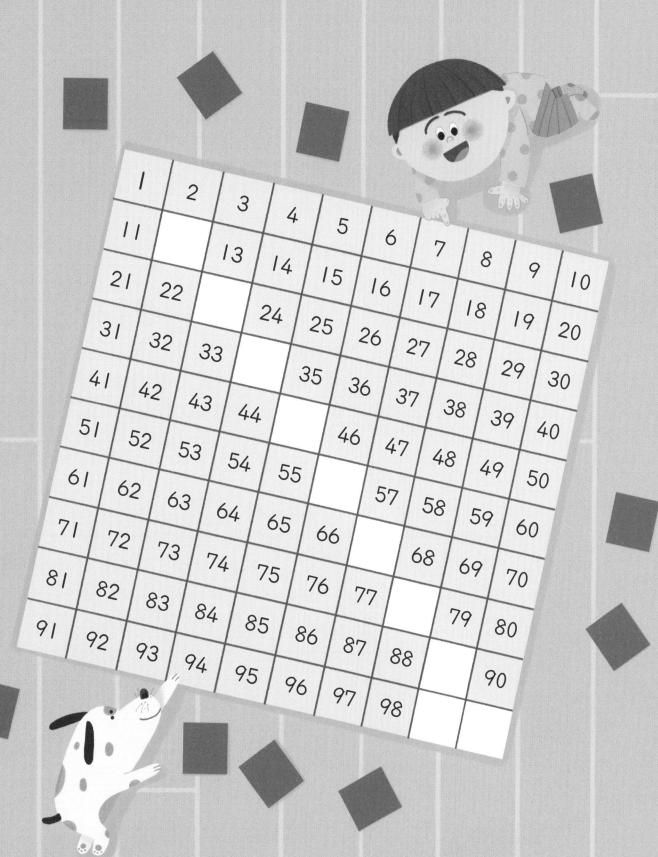

1 빈칸에 수를 순서대로 써넣고 색칠된 칸의 수의 규칙을 써 보세요.

1	2	3	4	5	6	7	8	9	10
11	12	13	14	15	16	17	18	19	
21		23		25		27		29	

1부터 ☐ 씩 뛰어 센 수를 색칠한 규칙입니다.

35	36	37	38	39	40	41	42	43	44
45	46	47	48	49	50		52		54
55	56	57	58	59					

36부터 ☐ 씩 뛰어 센 수를 색칠한 규칙입니다.

58	59	60	61	62	63	64	65	66
67	68	69	70	71	72	73	74	75
76		78	79		81	82	83	
85				89				93

58부터 ☐ 씩 뛰어 센 수를 색칠한 규칙입니다.

2 수를 순서대로 써넣고 14부터 2씩 뛰어 센 수를 색칠해 보세요.

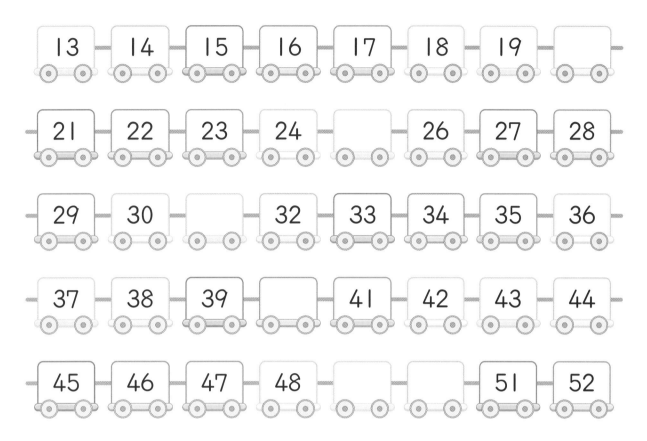

| 13 | 14 | 15 | 16 | 17 | 18 | 19 | 20 |

| 21 | 22 | 23 | 24 | 25 | 26 | 27 | 28 |

| 29 | 30 | 31 | 32 | 33 | 34 | 35 | 36 |

| 37 | 38 | 39 | 40 | 41 | 42 | 43 | 44 |

| 45 | 46 | 47 | 48 | 49 | 50 | 51 | 52 |

3 수 배열표를 완성하고 색칠된 수에서 규칙을 찾아 나머지 수들을 색칠해 보세요.

41	42	43	44	45	46	47	48	49	50
51	52		54	55	56	57	58	59	60
61	62	63		65	66			69	70
71	72	73	74	75	76		78	79	80
81	82	83		85	86	87	88		90
91	92	93		95	96	97	98		100

정답 보기

I부터 I00까지의 수를 순서대로 써 보세요.

	11	12	13	14		16	17	18	19
9	44		46	47	48	49		51	
8	43		71	72	73	74	75	52	21
7	42	69	88	89		91	76	53	22
6	41	68	87	98	99	92	77	54	23
5		67	86	97	100	93	78		24
4	39	66		96		94	79	56	
3	38		84	83	82	81		57	26
2	37	64	63	62	61	60	59	58	27
1	36		34	33	32	31	30	29	28

100까지의 수 모으기와 가르기
연우의 돈은 얼마일까요?

◎ 연우가 처음에 가지고 있던 돈과 40원짜리 도화지를 사고 남은 돈은 얼마인
지 알아봅시다.

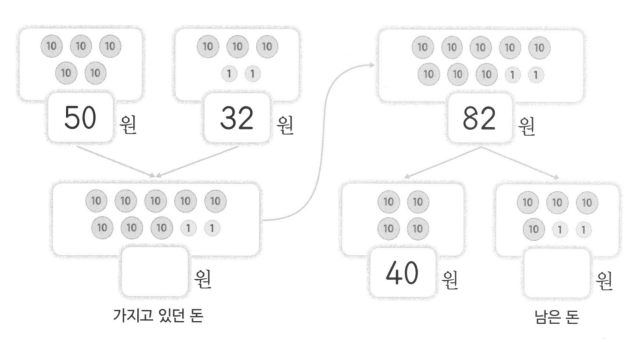

가지고 있던 돈

남은 돈

1 모으기 하여 돈은 모두 얼마인지 써 보세요.

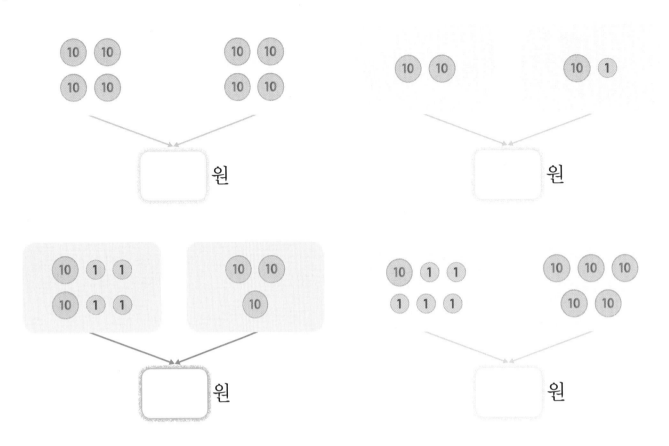

2 가르기 하여 남은 돈은 얼마인지 써 보세요.

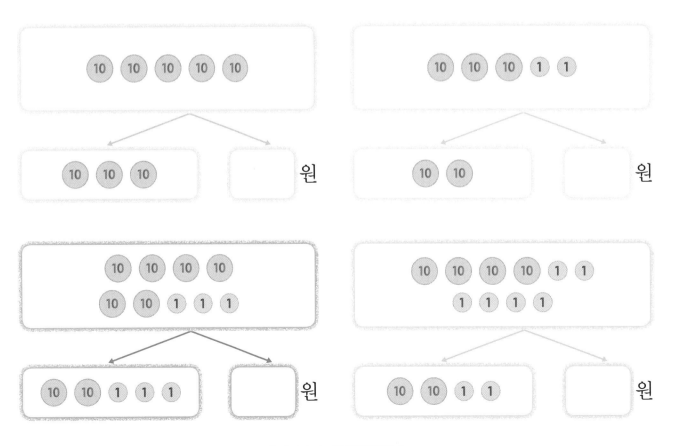

3 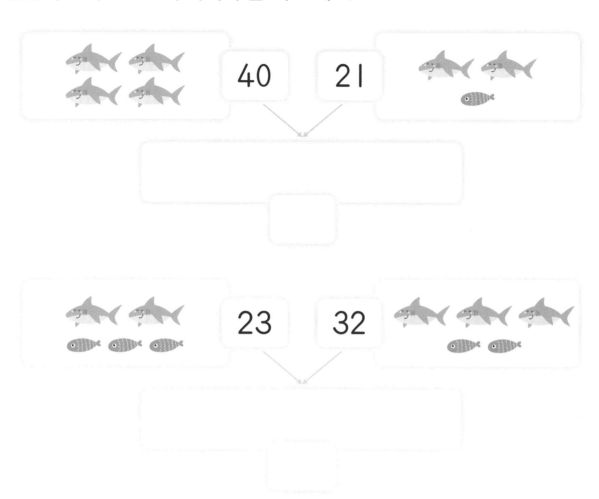는 10, 는 1을 나타냅니다. 의 수만큼 ◯, 의 수만큼 △
를 빈칸에 그리고 모으기 하여 수를 써 보세요.

4 색깔별로 칸을 세어 100을 가르기 해 보세요.

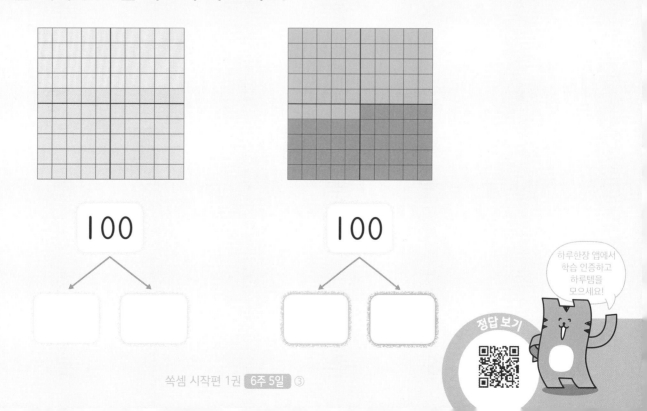

◉ 게임에서 모은 동전과 남은 동전은 얼마인지 각각 구해 보세요.

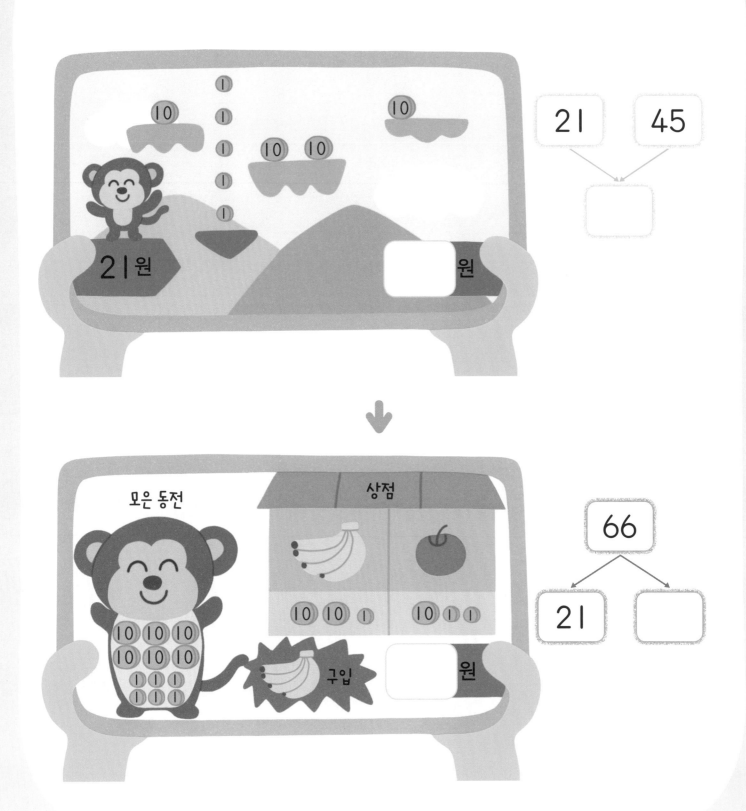

하루
한장 **쏙셈** 시작편 **1**

바른답과 지도 가이드

수 세기

하루 한장, 이렇게 시작해 보세요!

❶ "바른답과 지도 가이드"의 책장을 넘기면 학습 계획표가 나와요. 아이와 함께 학습 계획을 세워 보세요.

❷ 하루 한장 케이스에서 일차에 맞추어 한 장을 쏙 뽑아 매일매일 재미있게 공부해요.

❸ 그날의 학습이 끝나면 스마트폰으로 학습지의 '정답 보기' QR 코드를 찍어 학습 인증하고 하루템을 모아요.

_____의 학습 계획표

↖이름을 쓰세요.

주/일		학습 내용		언제 공부할까요?		부모님이 확인해 주세요
1주	1일	10까지의 수	5까지의 수	월	일	
	2일		10까지의 수	월	일	
	3일		몇째	월	일	
	4일		10까지의 수의 순서	월	일	
	5일		1만큼 더 큰 수와 1만큼 더 작은 수	월	일	
2주	1일		수의 크기 비교	월	일	
	2일		9까지의 수 모으기(1)	월	일	
	3일		9까지의 수 모으기(2)	월	일	
	4일		9까지의 수 가르기(1)	월	일	
	5일		9까지의 수 가르기(2)	월	일	
3주	1일	50까지의 수	10 알아보기	월	일	
	2일		19까지의 수	월	일	
	3일		19까지의 수 모으기	월	일	
	4일		19까지의 수 가르기	월	일	
	5일		몇십 - 20, 30, 40, 50	월	일	
4주	1일		20~29까지의 수	월	일	
	2일		30~39까지의 수	월	일	
	3일		40~49까지의 수	월	일	
	4일		50까지의 수의 순서	월	일	
	5일		수의 크기 비교	월	일	
5주	1일	100까지의 수	몇십 - 60, 70, 80, 90	월	일	
	2일		100 알아보기	월	일	
	3일		51~79까지의 수	월	일	
	4일		80~99까지의 수	월	일	
	5일		100까지의 수의 순서	월	일	
6주	1일		수의 크기 비교	월	일	
	2일		짝수와 홀수	월	일	
	3일		규칙에 따라 뛰어 세기	월	일	
	4일		수 배열표 알아보기	월	일	
	5일		100까지의 수 모으기와 가르기	월	일	

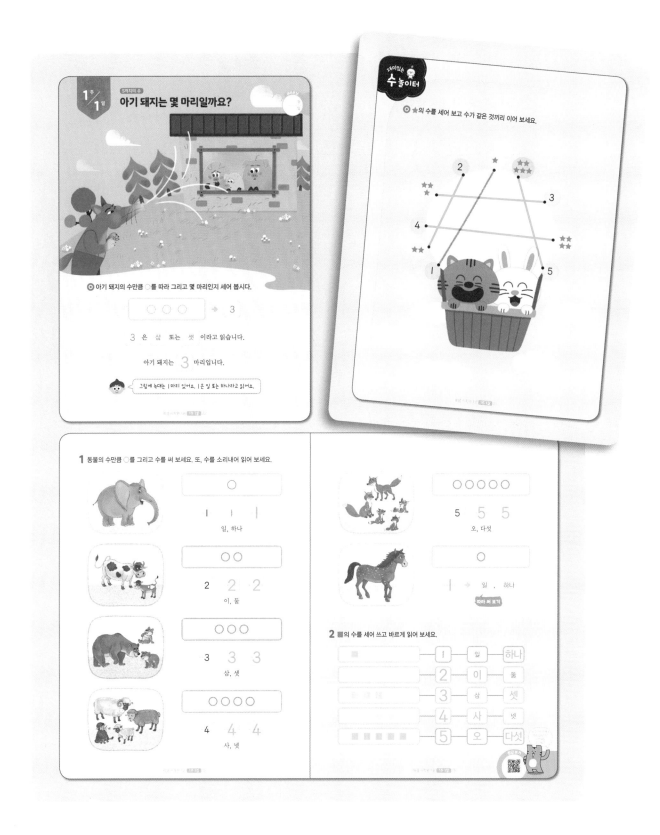

◎ Ⅰ부터 5까지의 수를 알고 두 가지 방법으로 읽을 수 있음을 알려주세요.

★	★★	★★★	★★★★	★★★★★
Ⅰ	2	3	4	5
일, 하나	이, 둘	삼, 셋	사, 넷	오, 다섯

그림에 있는 늑대의 수도 쓰고 읽어 볼 수 있게 해 주세요.

1 동물의 수를 세어 가며 ○를 그리고 수를 쓰면서 큰 소리로 따라 읽어볼 수 있도록 해 주세요. 이때 동물의 수는 하나 마리, 둘 마리, 셋 마리, 넷 마리가 아니라 한 마리, 두 마리, 세 마리, 네 마리로 읽는다는 것을 알려주세요.

2 수를 읽을 때 글자를 쓰는 것을 어려워한다면 앞에서 읽은 수를 스스로 찾아 따라 써 볼 수 있도록 알려주세요.

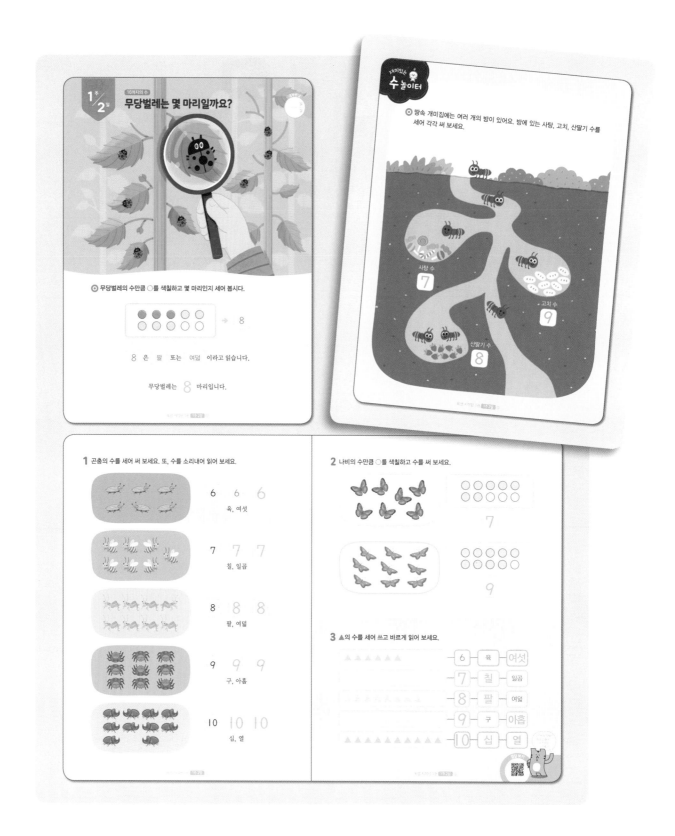

○ 6부터 10까지의 수를 알고 두 가지 방법으로 읽을 수 있음을 알려주세요.

6	7	8	9	10
육, 여섯	칠, 일곱	팔, 여덟	구, 아홉	십, 열

2 나비의 수를 하나, 둘, 셋, 넷 ……으로 순서대로 세어 가며 색칠을 함께 할 수 있도록 지도해 주세요.

3 수를 읽을 때 글자를 쓰는 것을 어려워한다면 앞에서 읽은 수를 스스로 찾아 따라 써 볼 수 있도록 알려주세요.

놀이터 빠뜨리지 않고 셀 수 있도록 지도해 주세요.

2

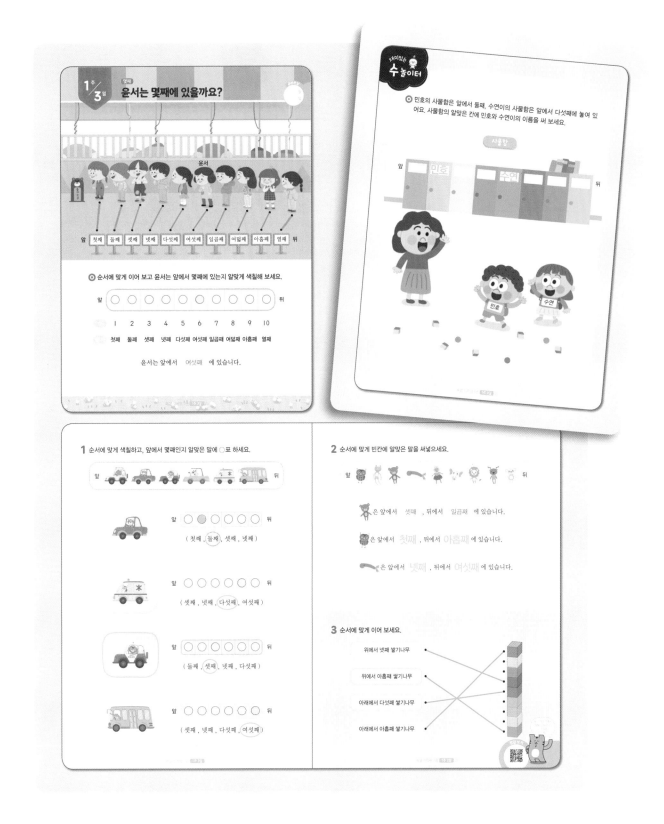

○ 순서를 나타낼 때는 차례로 첫째, 둘째, 셋째, 넷째, 다섯째, 여섯째, 일곱째, 여덟째, 아홉째, 열째와 같이 수의 뒤에 '째'를 붙여서 표현하는 것을 알려주세요. 이때, 첫째를 '하나째'라고 하지 않도록 지도해 주세요.

2 기준에 따라서 같은 위치의 물건이라도 순서가 다양하게 표현될 수 있음을 알려주세요.

3 위인지, 아래인지의 기준에 따라 순서가 달라질 수 있는 것에 주의할 수 있도록 지도해 주세요.

놀이터 사물함에 앞에서부터 1, 2, 3, 4, 5, 6, 7, 8을 차례로 쓰면 민호의 사물함은 2, 수연이의 사물함은 5가 쓰인 칸입니다. 수를 쓰고 순서를 찾으면 더 쉽게 문제를 해결할 수 있습니다.

3

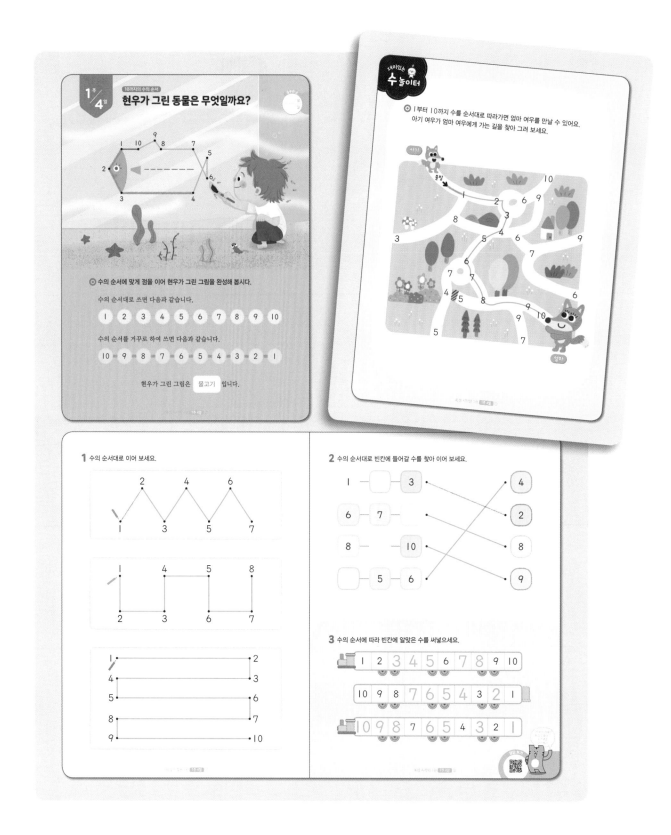

◎ 순서와 수는 다음과 같습니다. 수의 뒤에 '째'를 붙이면 순서가 되는 것을 알려주세요.

순서	첫째	둘째	셋째	넷째	다섯째
수	1	2	3	4	5

순서	여섯째	일곱째	여덟째	아홉째	열째
수	6	7	8	9	10

1 수의 순서대로 점을 이어서 그림을 완성할 수 있도록 지도해 주세요.

3 수를 순서대로 쓸 때 중간에 빠뜨리는 수가 없도록 지도해 주세요. 수의 순서를 거꾸로 하여 쓰는 것을 헷갈려 한다면 뒤에서부터 수의 순서대로 읽어가며 문제를 해결할 수 있도록 도와주세요.

4

수의 순서대로 썼을 때 ■보다 1만큼 더 큰 수는 ■ 바로 뒤의 수이고 ■보다 1만큼 더 작은 수는 ■ 바로 앞의 수라는 것을 알려주세요. 수의 순서대로 1, 2, 3을 썼을 때 2보다 1만큼 더 큰 수는 3, 2보다 1만큼 더 작은 수는 1입니다. 나아가 1보다 1만큼 더 작은 수는 0이고 0은 아무것도 없는 것임을 이해할 수 있도록 해 주세요.

1 먼저 주어진 그림의 수를 세어 보고 그 수를 기준으로 뒤의 수와 앞의 수를 찾아 문제를 해결할 수 있도록 알려 주세요. 수의 순서를 이용하면 더 편리합니다.

놀이터 지호가 붙인 수박씨의 수는 4입니다. 4보다 1만큼 더 작은 수는 3, 4보다 1만큼 더 큰 수는 5이므로 수박씨를 연주에는 3개, 민서에는 5개 그릴 수 있도록 도와주세요.

5

○ 수만큼 ○를 그렸을 때 ○의 수가 더 많은 쪽이 더 큰 수를 나타낸다는 것을 알려주세요. >, <로 나타낼 때에는 큰 수 쪽이 벌어지게 나타낼 수 있도록 지도해 주세요.

3 수를 1부터 순서대로 썼을 때 앞의 수가 뒤의 수보다 작은 수이고 뒤의 수가 앞의 수보다 큰 수라는 것을 알려주세요. 예를 들어 1, 2, 3, 4, 5와 같이 수를 순서대로

썼을 때 1, 2는 3보다 작은 수이고 4, 5는 3보다 큰 수입니다.

놀이터 먼저 도넛의 수를 세어 쓰고 두 수의 크기를 비교합니다. 그다음 더 큰 수 쪽으로 입을 벌리는 그림을 그릴 수 있도록 도와주세요.

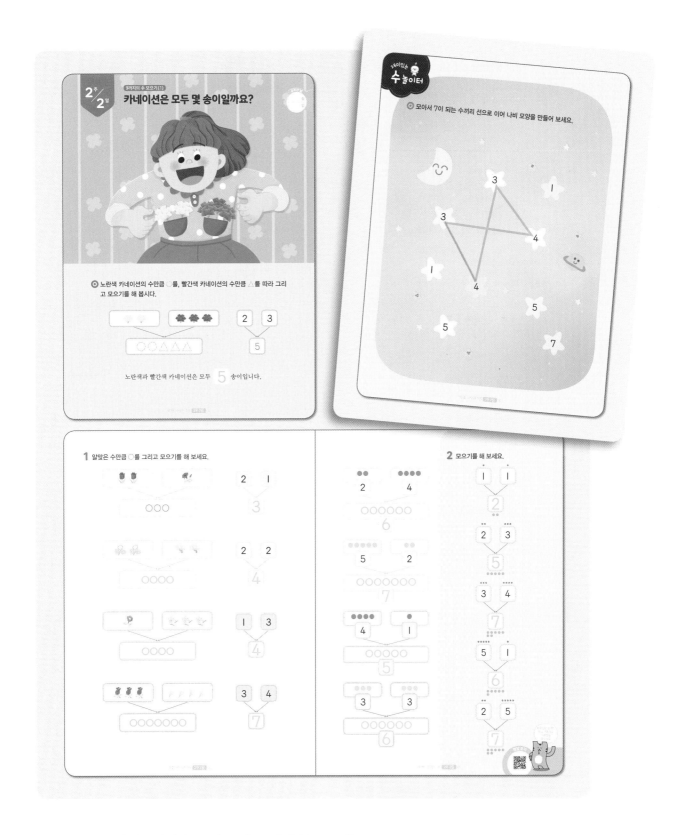

◎ 2와 3을 모으기 하면 5입니다. 그린 ○와 △의 수를 이어서 세어 보고 모으기 할 수 있도록 지도해 주세요.
1 두 수를 모으기 한 수만큼 빈 곳에 ○를 그리고, ○의 수를 세어 모으기 한 수를 알 수 있도록 지도해 주세요.
2 두 수를 바로 모으기 하는 것을 어려워한다면 점의 수를 세어 모으기를 해 볼 수 있도록 지도해 주세요.

놀이터 3과 4, 4와 3을 모으기 하면 7입니다. 가능한 모든 경우를 찾아 선으로 이어 나비 모양을 만들 수 있도록 도와주세요. 3과 4, 4와 3 외에 모아서 7이 되는 두 수는 1과 6, 2와 5, 5와 2, 6과 1이 있으므로 함께 생각해 볼 수 있도록 지도해 주세요.

7

◎ 9까지의 수의 범위에서 가능한 모든 경우의 모으기예요.

| 1 2 | 1 2 3 | 1 2 3 4 | 1 2 3 4 5 |
| 1 2 | 2 1 3 | 3 2 1 4 | 4 3 2 1 5 |

| 1 2 3 4 5 | 1 2 3 4 5 6 |
| 5 4 3 2 1 6 | 6 5 4 3 2 1 7 |

| 1 2 3 4 5 6 7 | 1 2 3 4 5 6 7 8 |
| 7 6 5 4 3 2 1 8 | 8 7 6 5 4 3 2 1 9 |

1 두 수를 모으기 한 수만큼 빈 곳에 △를 그리고, △의 수를 세어 모으기 한 수를 알 수 있도록 지도해 주세요.
2 두 수를 바로 모으기 하는 것을 어려워한다면 점의 수를 세어 모으기를 해 볼 수 있도록 지도해 주세요.
놀이터 위에서부터 두 수를 차례로 모으기 하고, 위와 아래의 수를 헷갈리지 않도록 도와주세요.

8

◎ 수만큼 그림을 그리고 그린 그림의 수를 세어 가르기 할 수 있도록 지도해 주세요.
1 가르기 한 두 수를 모으면 처음의 수가 되도록 그림을 그려 가르기 할 수 있도록 지도해 주세요.
2 두 수를 바로 가르기 하는 것을 어려워한다면 점의 수를 세어 가르기를 해 볼 수 있도록 지도해 주세요.

놀이터 복숭아를 아영이는 6개, 준성이는 7개 나누어 준 것입니다. 6은 3과 3으로 가르기 할 수 있고 7은 5와 2로 가르기 할 수 있습니다. 따라서 토끼의 배에는 ○를 3개, 돼지의 배에는 ○를 5개 그리면 됩니다. 어려워한다면 쟁반 위에 있는 복숭아의 수와 두 동물의 배에 있는 복숭아의 수가 같아지도록 ○를 그릴 수 있도록 도와주세요.

9

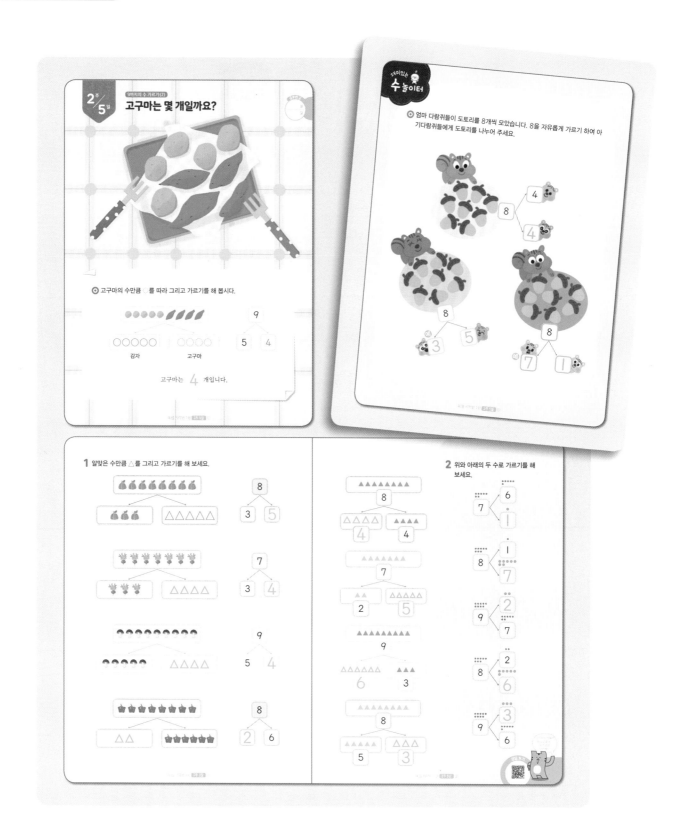

◉ 9까지의 수의 범위에서 가능한 모든 경우의 가르기예요.

2	1 1		3	1 2 2 1		4	1 2 3 3 2 1		5	1 2 3 4 4 3 2 1

| 6 | 1 2 3 4 5 5 4 3 2 1 | | 7 | 1 2 3 4 5 6 6 5 4 3 2 1 |

| 8 | 1 2 3 4 5 6 7 7 6 5 4 3 2 1 | | 9 | 1 2 3 4 5 6 7 8 8 7 6 5 4 3 2 1 |

1 두 수를 가르기 한 수만큼 빈 곳에 △를 그리고, △의 수를 세어 가르기 한 수를 알 수 있도록 지도해 주세요.

2 두 수를 바로 가르기 하는 것을 어려워한다면 점의 수를 세어 가르기를 해 볼 수 있도록 지도해 주세요.

놀이터 8은 1과 7, 2와 6, 3과 5, 4와 4, 5와 3, 6과 2, 7과 1로 가르기 할 수 있어요.

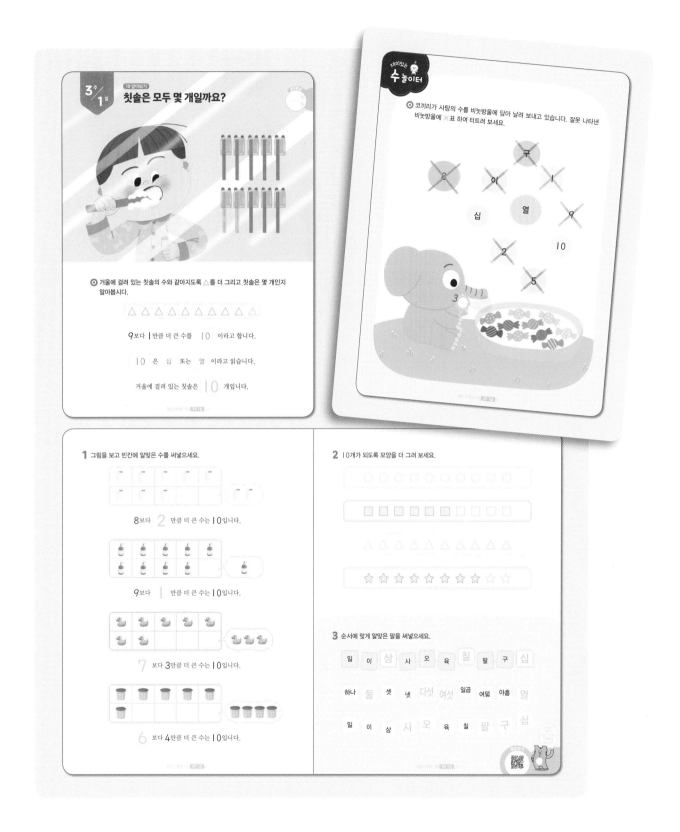

◎ 9 다음 수인 10을 알아보는 내용입니다. 9보다 1만큼 더 큰 수가 10이라는 것을 그림을 그려 알아볼 수 있게 해 주세요. 십을 '일십'이라고 읽지 않도록 지도해 주세요.

1 10은 9보다 1만큼 더 큰 수, 8보다 2만큼 더 큰 수, 7 보다 3만큼 더 큰 수, 6보다 4만큼 더 큰 수, 5보다 5만 큼 더 큰 수라고 나타낼 수 있습니다.

2 1부터 10까지의 수를 순서대로 세어 보면서 10개가 되도록 주어진 모양을 그려볼 수 있도록 지도해 주세요.

놀이터 사탕의 수는 10개입니다. 사탕의 수를 나타내는 '10', '십', '열'을 제외한 나머지 비눗방울을 모두 ×표 할 수 있게 도와주세요.

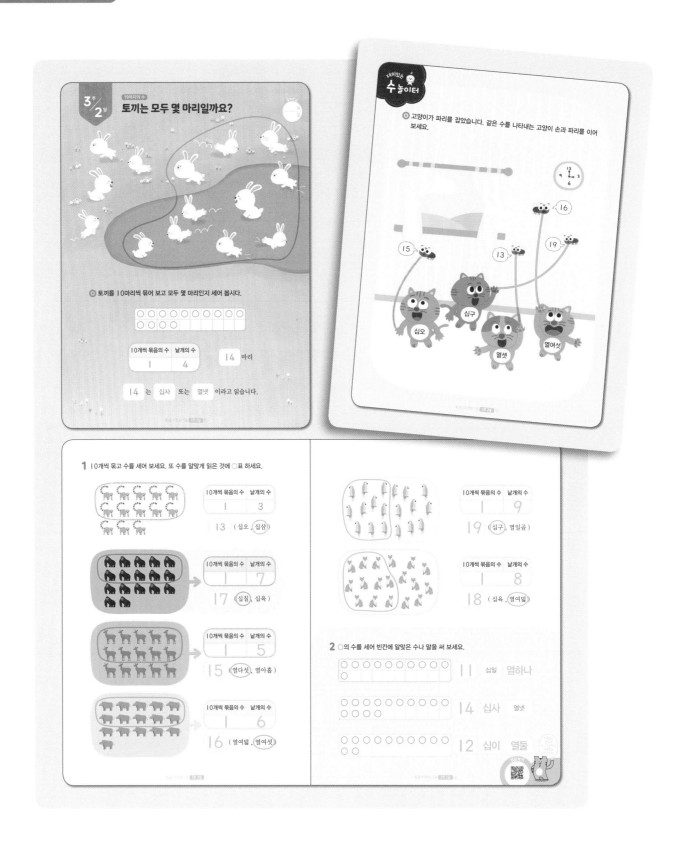

◎ 십몇을 읽는 두 가지 방법을 알려주세요.

쓰기	11	12	13	14	15
읽기	십일, 열하나	십이, 열둘	십삼, 열셋	십사, 열넷	십오, 열다섯

쓰기	16	17	18	19
읽기	십육, 열여섯	십칠, 열일곱	십팔, 열여덟	십구, 열아홉

1 10개씩 묶음 1개와 낱개 ▲개는 1▲라 쓰므로 낱개의 수를 정확히 세어 문제를 해결할 수 있도록 지도해 주세요. 10개씩 묶는 방법은 여러 가지가 있습니다. 10개를 바르게 묶어 수를 세었다면 정답으로 인정해 주세요.

놀이터 같은 수를 나타내는 고양이와 파리를 이어 보면서 수를 쓰고 읽는 방법을 연습할 수 있도록 지도해 주세요.

12

◎ 이어 세기를 이용하여 8과 7을 모으기 할 수 있습니다. 8부터 7번 더 이어 세면 8, 9, 10, 11, 12, 13, 14, 15 ① ② ③ ④ ⑤ ⑥ ⑦ 이므로 8과 7을 모으면 15가 됩니다.

1 그림으로 모으기 한 것을 보고 수를 세어 모으기 하는 것과 연결하여 이해할 수 있도록 설명해 주세요.

3 이어 세기를 이용하여 모으기를 할 수 있도록 지도해 주세요. 이어 세는 것이 어렵다면 주어진 점의 수를 모으기 하여 해결할 수 있음을 설명해 주세요.

놀이터 흥부 얼굴에 밥풀이 한 쪽에는 6개, 다른 쪽에는 8개 붙어 있으므로 6개와 8개를 모으기 하면 14개입니다. 그림을 보며 모으기 할 수 있도록 도와주세요.

13

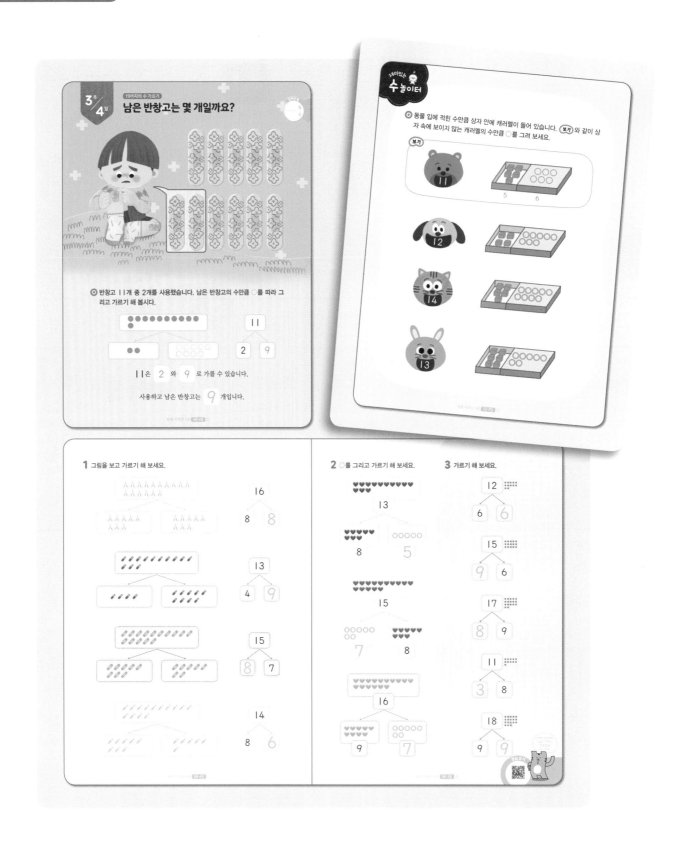

◉ 거꾸로 세기를 이용하여 11을 2와 몇으로 가르기 할 수 있습니다. 11부터 2번 거꾸로 세면 11, 10, 9이므로
　　　　　　　　　　　　　　　　① ②
11은 2와 9로 가를 수 있습니다.

1 그림으로 가르기 한 것을 보고 수를 세어 가르기 하는 것과 연결하여 이해할 수 있도록 설명해 주세요.

3 거꾸로 세기를 이용하여 가르기를 할 수 있도록 지도해 주세요. 거꾸로 세는 것이 어렵다면 주어진 점의 수를 가르기 하여 해결할 수 있음을 설명해 주세요.

놀이터　11개의 캐러멜은 5개와 6개로 가르기 할 수 있습니다. 전체 캐러멜의 수에 맞게 ○를 그려 보면서 주어진 수를 가르기 할 수 있도록 지도해 주세요.

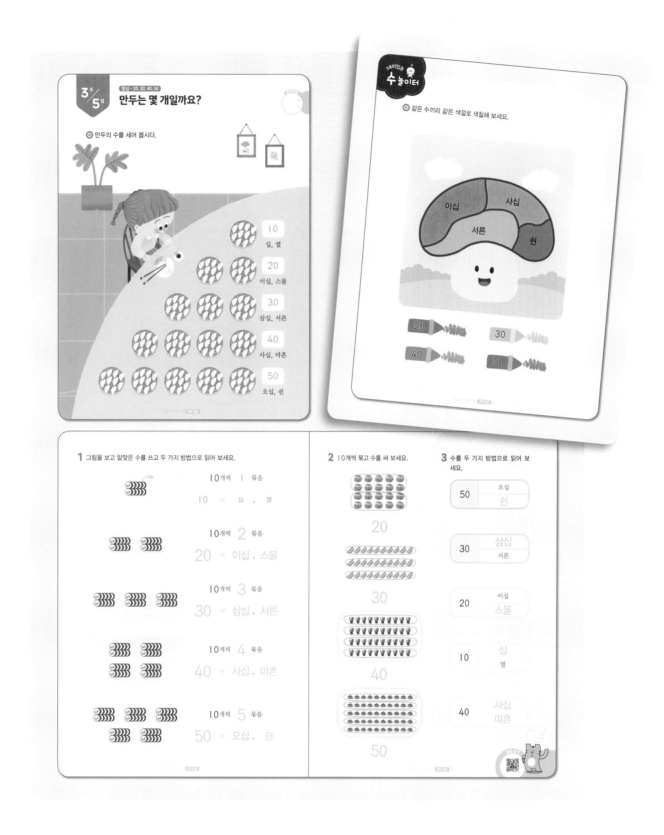

◎ 10개씩 묶어 세어 보면서 몇십을 알아보는 내용입니다. 10개씩 묶음 ■개는 ■0이라는 것을 알려주세요.

1 10개씩 묶음 2개는 20, 10개씩 묶음 3개는 30, 10개씩 묶음 4개는 40, 10개씩 묶음 5개는 50입니다. 몇십에서 낱개의 수는 0이라는 것도 같이 설명해 주세요. 10은 십 또는 열, 20은 이십 또는 스물, 30은 삼십 또는

서른, 40은 사십 또는 마흔, 50은 오십 또는 쉰과 같이 두 가지 방법으로 읽을 수 있습니다. 수를 읽는 두 가지 방법을 모두 숙지할 수 있도록 지도해 주세요.

놀이터 이십은 20, 서른은 30, 사십은 40, 쉰은 50이므로 주어진 색깔로 알맞게 색칠할 수 있도록 도와주세요.

15

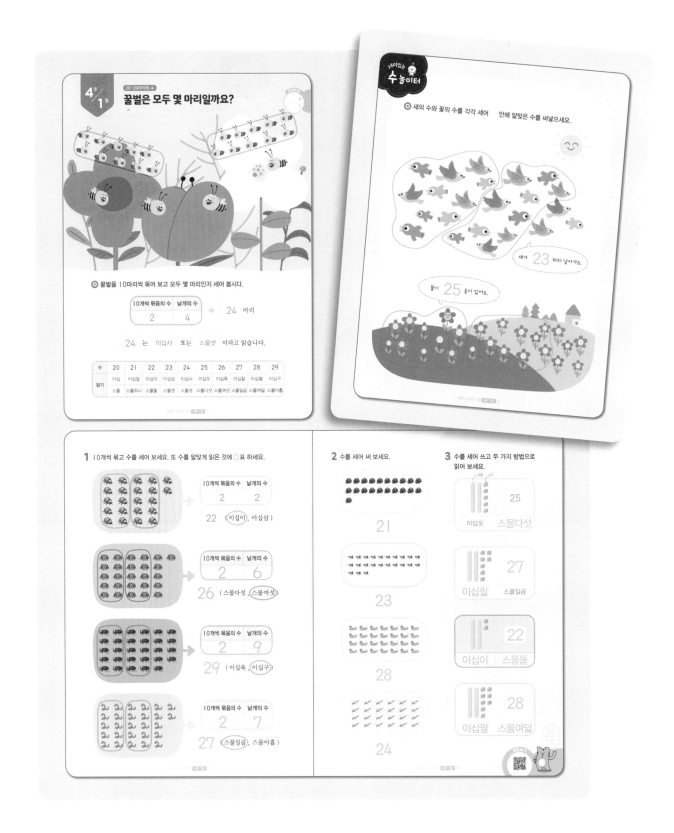

◎ 10개씩 묶음의 수가 2개, 낱개의 수가 ■개인 수는 2■라고 쓰는 것을 알려주시고 두 가지로 읽는 방법을 모두 숙지할 수 있도록 도와주세요.
몇십몇을 쓸 때 십의 자리 숫자와 일의 자리 숫자로 표현할 수 있지만 10개씩 묶음의 수와 낱개의 수로 나타내어 수를 쓰는 개념을 충분히 익힐 수 있게 해 주세요.

1 10개씩 묶는 방법은 정해져 있지 않습니다. 다양한 방법으로 10개를 묶고 낱개의 수를 정확하게 세었다면 정답으로 인정해 주세요.

2 수를 10개씩 묶어가며 세어 볼 수 있게 도와주세요.

놀이터 10마리씩, 10송이씩 묶어 수를 세어 보면 더 쉽게 수를 셀 수 있다는 것을 알려주세요.

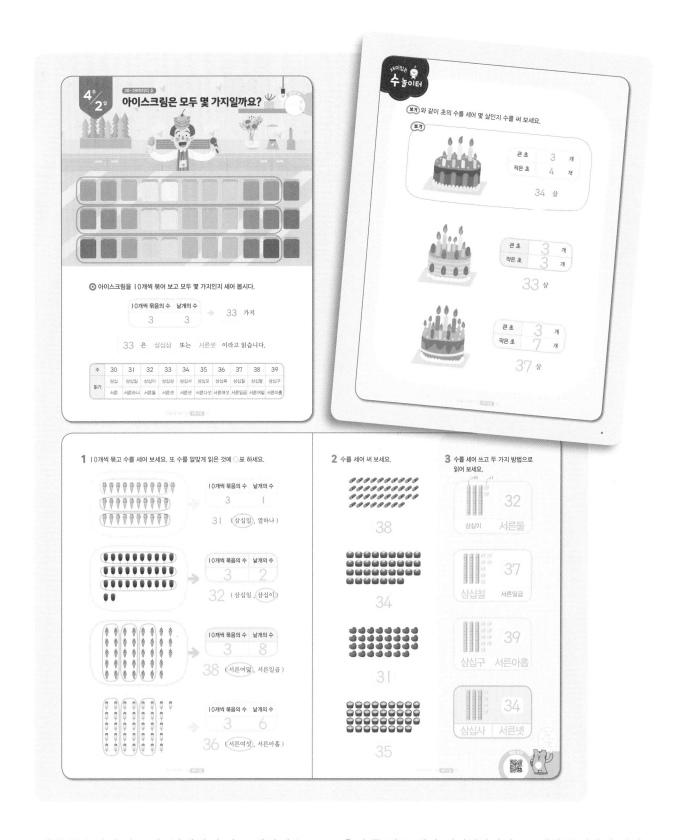

◎ 10개씩 묶음의 수가 3개, 낱개의 수가 ■개인 수는 3■라고 쓰는 것을 알려주시고 두 가지로 읽는 방법을 모두 숙지할 수 있도록 도와주세요.

1 10개씩 묶는 방법은 정해져 있지 않습니다. 다양한 방법으로 10개를 묶고 낱개의 수를 정확하게 세었다면 정답으로 인정해 주세요.

2 수를 바로 세기 어려워한다면 10개씩 묶어가며 세어볼 수 있게 도와주세요. 이때 10개씩 묶음의 수는 앞에, 낱개의 수는 뒤에 쓰는 것을 실수하지 않도록 해 주세요.

놀이터 실제 생일 케이크에 큰 초와 작은 초를 꽂아 나이를 나타내는 것처럼 생각하고 풀면 쉽게 해결할 수 있다는 것을 알려주세요.

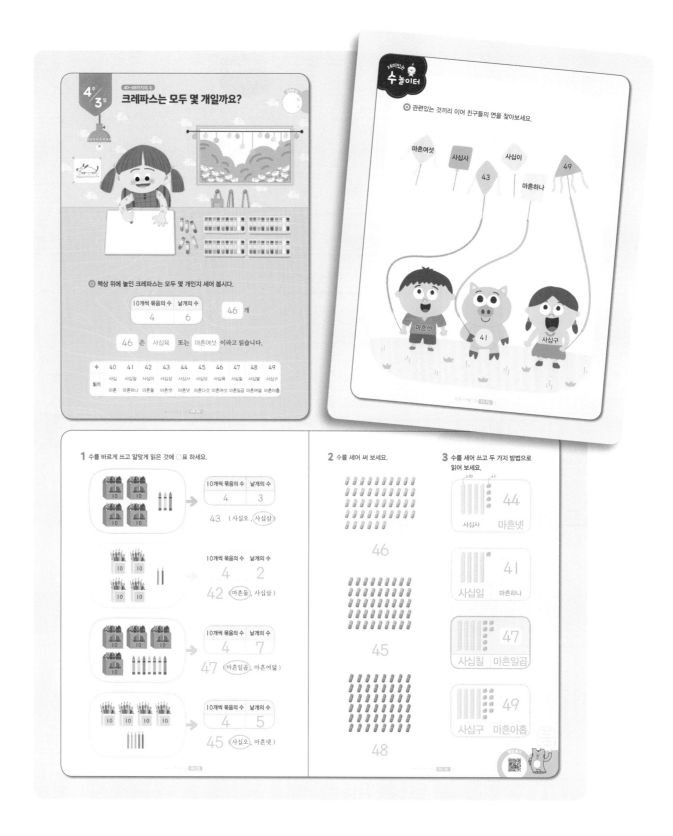

◎ 10개씩 묶음의 수가 4개, 낱개의 수가 ■개인 수는 4■라고 쓰는 것을 알려주시고 두 가지로 읽는 방법을 모두 숙지할 수 있도록 도와주세요.

1 10개씩 들어 있는 상자의 수가 모두 4개입니다. 낱개의 수를 정확하게 세어 문제를 해결할 수 있도록 지도해 주세요.

2 수를 바로 세기 어려워한다면 10개씩 묶어가며 세어 볼 수 있게 도와주세요.

3 수를 두 가지 방법으로 읽을 때 44를 사십넷, 마흔사와 같이 읽는 실수를 하지 않도록 지도해 주세요.

놀이터 마흔셋은 43, 41은 마흔하나, 사십구는 49와 연결하면서 수를 쓰고 읽는 것을 충분히 연습시켜 주세요.

◎ 수를 순서대로 쓰면 1씩 커집니다. 1부터 50까지의 수의 순서를 생각해 보면서 11부터 50까지 수를 빠짐없이 쓸 수 있도록 지도해 주세요.

1 먼저 작은 수부터 수를 순서대로 읽어가며 잘못된 곳을 찾을 수 있게 도와주세요. 잘못된 곳의 바로 앞의 수와 바로 뒤의 수를 따져 알맞게 고칠 수 있도록 지도해 주세요.

3 42부터 45까지, 19부터 22까지 각각 순서대로 수를 세어 보면서 해결할 수 있습니다.

4 수를 순서대로 쓸 때 1만큼 더 작은 수는 바로 앞의 수, 1만큼 더 큰 수는 바로 뒤의 수입니다.

놀이터 수의 순서에 따라 선이 끊어지지 않게 연결할 수 있도록 도와주세요.

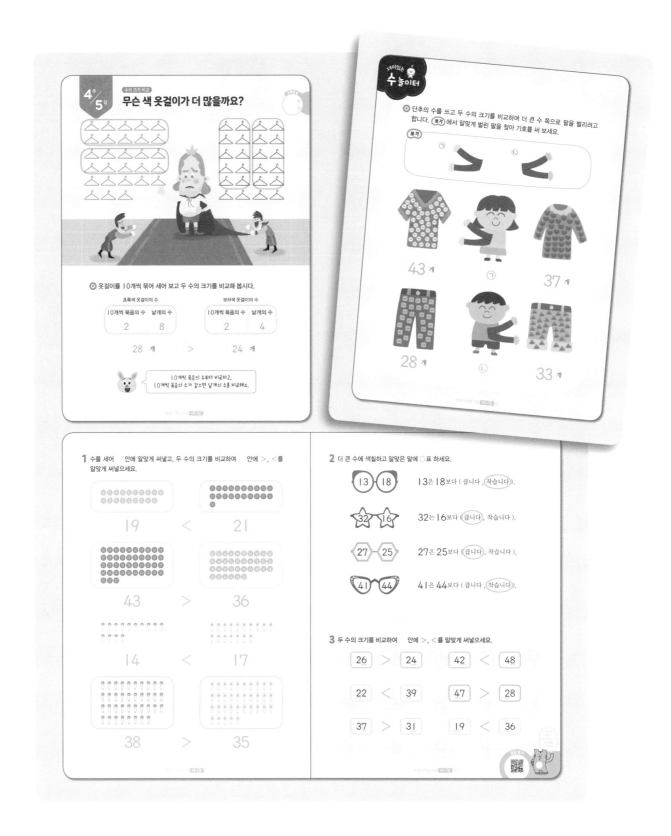

○ 두 수의 크기를 비교할 때 10개씩 묶음의 수를 먼저 비교할 수 있도록 지도해 주세요. 이때 10개씩 묶음의 수가 같으면 낱개의 수가 클수록 더 큰 수입니다.

1 10개를 묶어가며 수를 정확히 셀 수 있도록 해 주세요. 수의 크기를 비교하여 >, <를 쓸 때는 수가 더 큰 쪽으로 벌어지게 쓸 수 있도록 도와주세요.

2 13<18은 '13은 18보다 작습니다.' 또는 '18은 13보다 큽니다.'와 같이 표현할 수 있습니다.

놀이터 단추를 10개씩 묶음과 낱개로 나누어 세면 더 쉽게 수를 셀 수 있습니다. 두 수의 크기를 비교하여 수가 더 큰 쪽으로 팔을 벌리는 것과 > 또는 <의 기호로 나타내는 것을 연결하여 기억할 수 있도록 도와주세요.

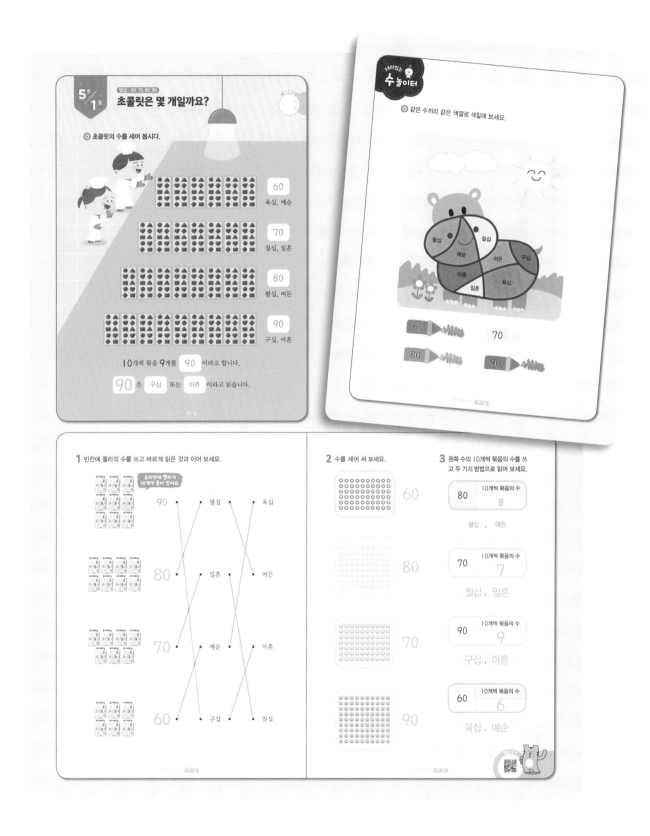

◉ 50보다 큰 몇십 60, 70, 80, 90을 알아보는 내용입니다. 10개씩 묶음 6개는 60, 10개씩 묶음 7개는 70, 10개씩 묶음 8개는 80, 10개씩 묶음 9개는 90이고 몇십에서 낱개의 수는 0이라는 것을 함께 알려주세요. 나아가 10, 20, 30, 40, 50, 60, 70, 80, 90을 순서대로 기억할 수 있도록 지도해 주세요.

1 60, 70, 80, 90을 읽는 방법은 두 가지가 있습니다. 10개씩 묶음의 수에 따라 수를 정확히 쓰고 바르게 읽은 것과 이어 볼 수 있도록 지도해 주세요.

2 수를 바로 세는 것이 헷갈릴 수 있으니 10개씩 묶어서 세어 볼 수 있도록 지도해 주세요.

○ 10씩 10번 뛰어 세어 보면 100입니다. 100을 일백이라고 읽지 않도록 주의시켜 주세요.

1 100을 나타낼 수 있는 방법은 여러 가지입니다. 십 모형을 이용해서 이해할 수 있도록 지도해 주세요.

2 10이 10개이면 100, 50씩 2묶음이면 100, 20씩 5묶음이면 100이 되는 것은 쉽지 않은 내용입니다. 십

모형을 보면서 이해할 수 있도록 지도해 주세요.

3 100까지의 수를 1씩, 10씩, 20씩 뛰어 세어 순서를 알아봅니다. 수의 순서를 잘 기억할 수 있도록 도와주세요.

놀이터 사탕을 살 수 있는 어린이는 50원짜리 2개를 가진 어린이입니다. 물건의 가격만큼 돈을 가지고 있거나 더 많이 가지고 있어야 물건을 살 수 있다는 것을 알려주세요.

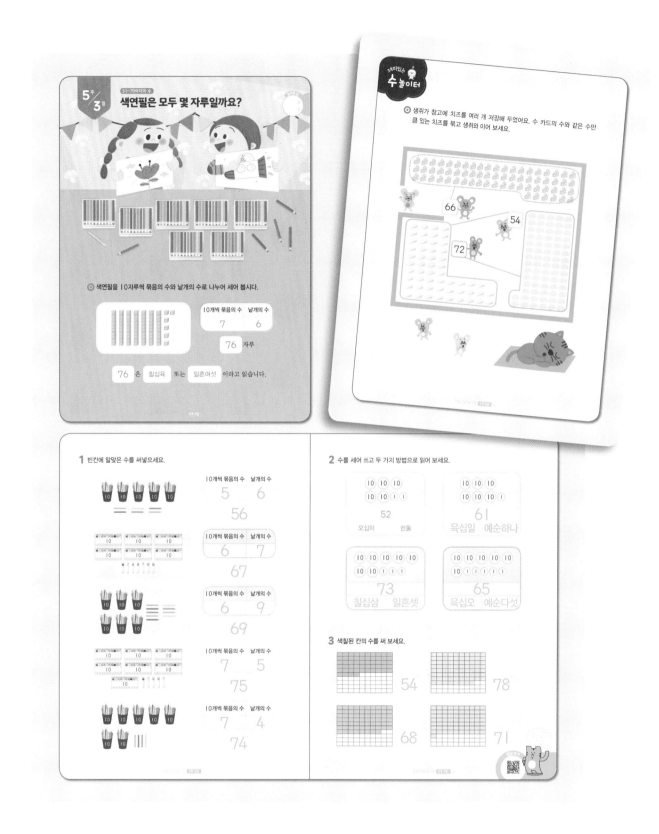

○ 10개씩 묶음의 수가 5개, 낱개의 수가 ●개인 수는 5●, 10개씩 묶음의 수가 6개, 낱개의 수가 ■개인 수는 6■, 10개씩 묶음의 수가 7개, 낱개의 수가 ▲개인 수는 7▲라고 쓰고 두 가지로 읽는 방법을 모두 숙지할 수 있도록 도와주세요.

1 10개씩 들어 있는 묶음의 수와 낱개의 수를 정확히 세어 문제를 해결할 수 있도록 지도해 주세요.

3 10개씩 묶어가며 세어 볼 수 있게 도와주세요. 이때 10개씩 묶음의 수는 앞에, 낱개의 수는 뒤에 쓰는 것을 실수하지 않도록 지도해 주세요.

놀이터 치즈를 10개씩 묶음의 수와 낱개의 수로 나누어 세어 각각 몇 개 있는지 먼저 알아볼 수 있도록 해 주세요.

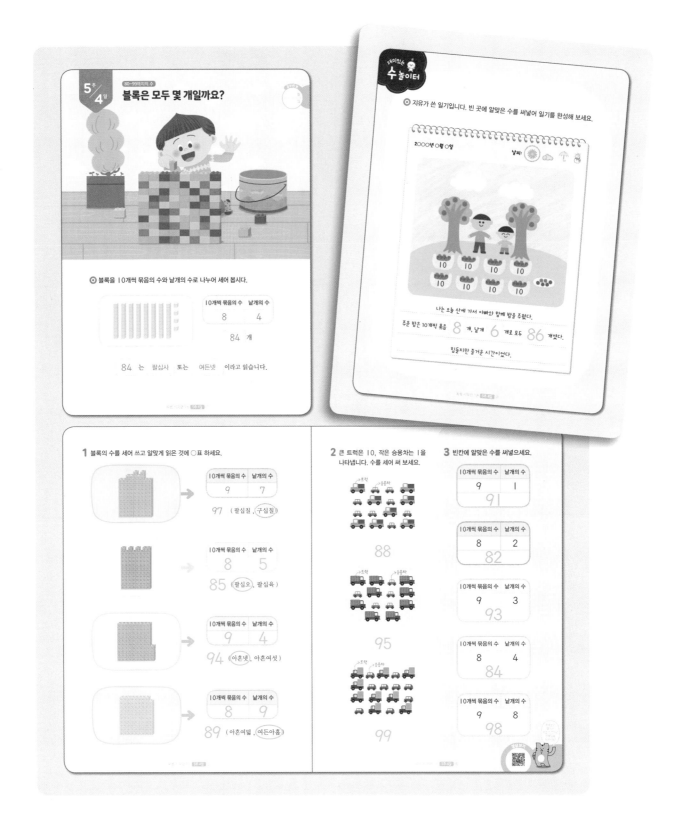

⊙ 10개씩 묶음의 수가 8개, 낱개의 수가 ■개인 수는 8■, 10개씩 묶음의 수가 9개, 낱개의 수가 ▲개인 수는 9▲라고 쓰고 두 가지로 읽는 방법을 모두 숙지할 수 있도록 도와주세요.

1 10개씩 묶음의 수와 낱개의 수를 정확히 세어 문제를 해결할 수 있도록 지도해 주세요.

2 큰 트럭 위에 10을, 작은 승용차 위에 1을 써놓고 생각하면 더 쉽게 해결할 수 있습니다.

3 몇십몇을 10개씩 묶음의 수와 낱개의 수로 나누어 생각해 보고 10개씩 묶음의 수와 낱개의 수를 보고 몇십몇으로 나타내 보는 과정을 통해서 두 자리 수의 내용을 완벽하게 이해할 수 있도록 도와주세요.

1 수의 순서에 알맞지 않은 수를 찾아 ×표 하고 바르게 고쳐 보세요.

| 51 | 52 | 53 | 54 | 55 | ✕65 | 57 | 58 | 59 | 60 |

56

| 61 | 62 | 63 | ✕54 | 65 | 66 | 67 | 68 | 69 | 70 |

64

| 71 | 72 | 73 | 74 | 75 | 76 | 77 | 78 | ✕89 | 80 |

79

| 81 | 82 | 83 | 84 | ✕58 | 86 | 87 | 88 | 89 | 90 |

85

| 91 | 92 | 93 | 94 | 95 | 96 | 97 | 98 | 99 | ✕10 |

100

2 수의 순서를 생각하여 빈칸에 알맞은 수를 써넣으세요.

| 51 | 52 | 53 | 54 | 55 | 56 | 57 | 58 | 59 | 60 | 61 | 62 | 63 | 64 | 65 | 66 | 67 | 68 | 69 | 70 | 71 | 72 | 73 | 74 | 75 |
| 76 | 77 | 78 | 79 | 80 | 81 | 82 | 83 | 84 | 85 | 86 | 87 | 88 | 89 | 90 | 91 | 92 | 93 | 94 | 95 | 96 | 97 | 98 | 99 | 100 |

3 빈칸에 두 수 사이에 있는 수를 순서대로 써 보세요.

75 76 77 78 79 80

86 87 88 89 90 91

4 동물이 말하는 수보다 1만큼 더 작은 수와 1만큼 더 큰 수를 써 보세요.

| 1만큼 더 작은 수 | 60 | 1만큼 더 큰 수 | | 1만큼 더 작은 수 | 88 | 1만큼 더 큰 수 |
| 59 | | 61 | | 87 | | 89 |

| 1만큼 더 작은 수 | 73 | 1만큼 더 큰 수 | | 1만큼 더 작은 수 | 99 | 1만큼 더 큰 수 |
| 72 | | 74 | | 98 | | 100 |

◎ 수의 순서를 생각할 때 빠뜨리거나 건너뛰는 일이 없도록 주의시켜 주세요.

1 수를 순서대로 읽어가면서 잘못된 수를 찾아봅니다. 잘못된 수를 찾고 바르게 고쳐보면서 수의 순서를 정확히 이해할 수 있도록 도와주세요.

3 두 수 사이에 있는 수를 생각할 때에는 수의 순서에 따라서 수를 읽어보면 쉽게 문제를 해결할 수 있습니다. 수를 빠뜨리지 않고 쓸 수 있도록 지도해 주세요.

4 1만큼 더 작은 수와 1만큼 더 큰 수를 생각할 때에도 수의 순서를 이용하여 해결할 수 있도록 해 주세요. 수의 순서에 따라 쓰면 59-60-61이므로 60보다 1만큼 더 작은 수는 59, 60보다 1만큼 더 큰 수는 61입니다.

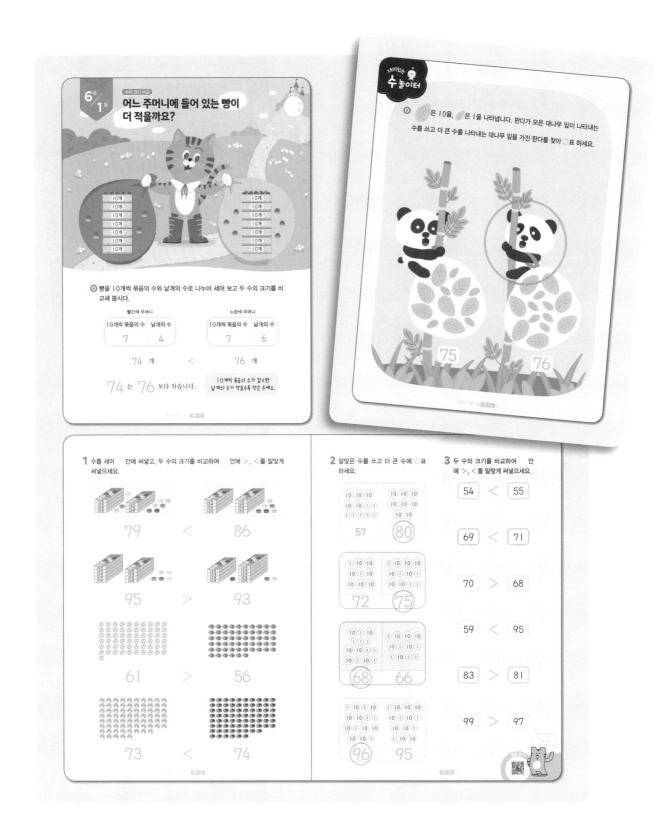

두 자리 수의 크기를 비교할 때에는 10개씩 묶음의 수부터 차례로 비교합니다. 10개씩 묶음의 수가 다르면 10개씩 묶음의 수만 비교하고 10개씩 묶음의 수가 같으면 낱개의 수를 비교합니다.

1 먼저 수를 세어 쓰고 두 수의 크기를 비교하는 문제입니다. 수를 셀 때 10개씩 묶음의 수와 낱개의 수로 나누어

세면 두 수의 크기를 더 쉽게 비교할 수 있다는 것을 알려 주세요.

3 10개씩 묶음의 수부터 먼저 비교해 보도록 지도해 주세요. 기호를 써넣을 때 헷갈리지 않도록 도와주세요.

놀이터 큰 잎에 10, 작은 잎에 1을 써놓고 생각하면 더 쉽습니다.

○ 둘씩 짝을 지을 수 있는 수는 짝수, 둘씩 짝을 짓고 하나가 남는 수는 홀수입니다. 어린이를 둘씩 묶어 보면서 어린이 수가 짝수인지 홀수인지 따져볼 수 있도록 지도해 주세요.

2 두 자리 수가 홀수인지 짝수인지 알아볼 때에는 낱개의 수가 짝수이면 짝수, 홀수이면 홀수입니다. 23에서 낱개의 수 3이 홀수이므로 23은 홀수이고 24에서 낱개의 수 4는 짝수이므로 24는 짝수입니다.

3 먼저 펼친 손가락의 수를 세어 쓰고 짝수인지 홀수인지 따져 볼 수 있게 해 주세요. 어려워한다면 그림과 같이 직접 손가락을 펼치고 둘씩 짝을 지어보게 하면서 문제를 해결해도 됩니다.

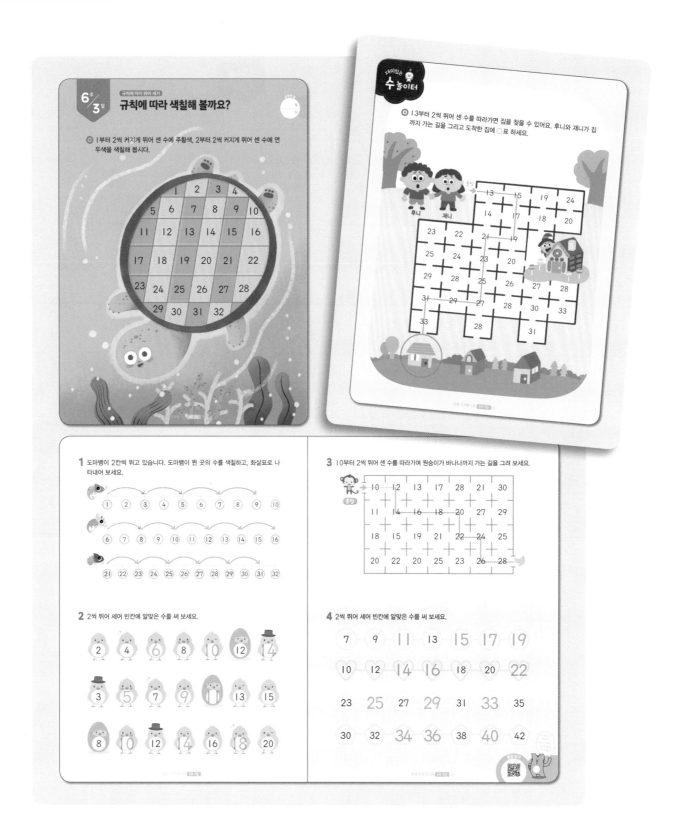

⊙ 2씩 뛰어 세기 하는 규칙을 이용하여 색칠해 보는 문제입니다. 칸을 뛰어 세어 보면서 수의 규칙을 따져볼 수 있도록 지도해 주세요.

1 홀수부터 시작하여 2씩 뛰어 센 수들은 모두 홀수가 되고, 짝수부터 시작하여 2씩 뛰어 센 수들은 모두 짝수가 되는 규칙이 있다는 것을 찾을 수 있도록 도와주세요.

2 수의 순서대로 세어 보면서 뛰어 세어 볼 수 있도록 도와주세요. 2부터 수의 순서대로 쓰면 ②, 3, ④, 5, ⑥, 7, ⑧, 9, ⑩, 11, ⑫, 13, ⑭이므로 2부터 2씩 뛰어 센 수는 2, 4, 6, 8, 10, 12, 14입니다.

3 수의 순서대로 따라가지 않도록 주의시켜 주세요.

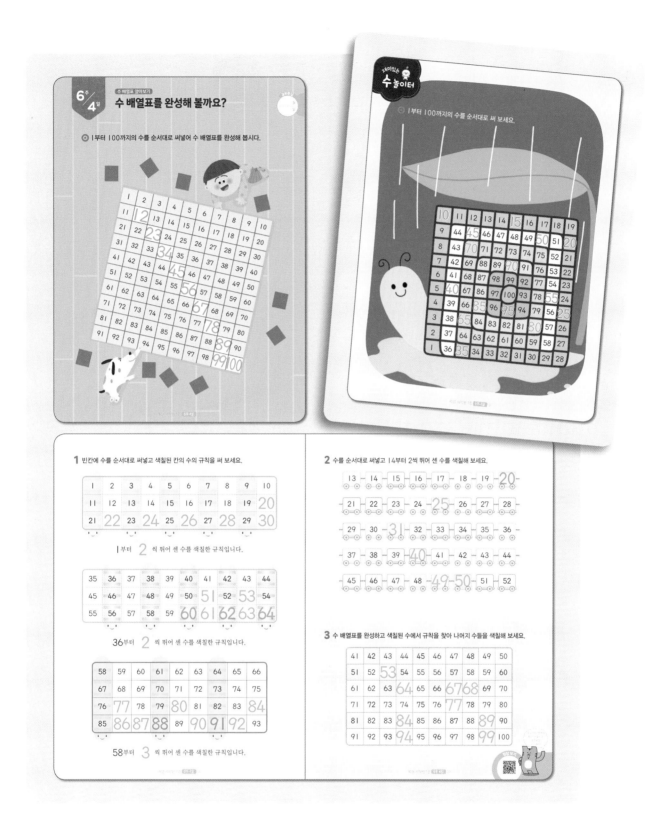

1 빈칸에 수를 순서대로 써넣고 색칠된 칸의 수의 규칙을 써 보세요.

1	2	3	4	5	6	7	8	9	10
11	12	13	14	15	16	17	18	19	20
21	22	23	24	25	26	27	28	29	30

1부터 **2** 씩 뛰어 센 수를 색칠한 규칙입니다.

35	36	37	38	39	40	41	42	43	44
45	46	47	48	49	50	51	52	53	54
55	56	57	58	59	60	61	62	63	64

36부터 **2** 씩 뛰어 센 수를 색칠한 규칙입니다.

58	59	60	61	62	63	64	65	66
67	68	69	70	71	72	73	74	75
76	77	78	79	80	81	82	83	84
85	86	87	88	89	90	91	92	93

58부터 **3** 씩 뛰어 센 수를 색칠한 규칙입니다.

2 수를 순서대로 써넣고 14부터 2씩 뛰어 센 수를 색칠해 보세요.

13 – 14 – 15 – 16 – 17 – 18 – 19 – 20 –
21 – 22 – 23 – 24 – 25 – 26 – 27 – 28
– 29 – 30 – 31 – 32 – 33 – 34 – 35 – 36
– 37 – 38 – 39 – 40 – 41 – 42 – 43 – 44
– 45 – 46 – 47 – 48 – 49 – 50 – 51 – 52

3 수 배열표를 완성하고 색칠된 수에서 규칙을 찾아 나머지 수들을 색칠해 보세요.

41	42	43	44	45	46	47	48	49	50
51	52	53	54	55	56	57	58	59	60
61	62	63	64	65	66	67	68	69	70
71	72	73	74	75	76	77	78	79	80
81	82	83	84	85	86	87	88	89	90
91	92	93	94	95	96	97	98	99	100

◎ 1부터 100까지의 수를 순서대로 써넣어 수 배열표를 완성해 보는 내용입니다. 순서대로 수를 읽어보면서 수 배열표의 빈칸을 채워보도록 도와주세요.

1 빈칸에 수를 순서대로 써넣고 색칠된 부분의 수의 규칙을 찾아보는 문제입니다. 몇씩 뛰어 센 것인지 수의 규칙을 찾아볼 수 있도록 도와주세요.

3 42부터 3씩 뛰어 센 수에 색칠하는 규칙입니다. 색칠된 수들을 찾아보면 42, 45, 48, 51⋯⋯로 3씩 커지는 수라고 할 수 있습니다. 수 배열표를 완성하고 규칙에 따라 색칠해 보면서 3씩 커지는 수들을 모두 찾아보도록 도와주세요.

◎ 실생활에서 일어날 수 있는 돈 계산 문제를 통해서 두 자리 수의 모으기와 가르기를 해 봅니다. 동전 그림을 직접 그리지 않고 개수를 따져서 모으기 한 금액과 가르기 한 금액을 구해 볼 수 있도록 지도해 주세요.

3 🦈는 10개씩 묶음의 수, 🐟는 낱개의 수입니다.

🦈와 🐟를 모았을 때 전체가 각각 몇 개인지 세어 모으기 해 볼 수 있도록 지도해 주세요.

4 100칸을 두 가지 색으로 나누어 색칠한 그림입니다. 100칸을 두 가지 색의 칸 수로 가르기 해 볼 수 있도록 지도해 주세요.

메모

학습 내용 미리 보기

주/일		무엇을 공부할까요?
1주	1일	9까지의 수 모으기
	2일	9까지의 수 가르기
	3일	9까지의 수 더하기(1)
	4일	9까지의 수 더하기(2)
	5일	9까지의 수 빼기(1)
2주	1일	9까지의 수 빼기(2)
	2일	(몇십)+(몇)
	3일	받아올림이 없는 (몇십몇)+(몇)
	4일	(몇십)+(몇십)
	5일	받아올림이 없는 (몇십몇)+(몇십몇)
3주	1일	받아내림이 없는 (몇십몇)−(몇)
	2일	(몇십)−(몇십)
	3일	(몇십몇)−(몇십)
	4일	받아내림이 없는 (몇십몇)−(몇십몇)
	5일	그림을 보고 덧셈과 뺄셈하기
4주	1일	10이 되도록 모으기 하기
	2일	10을 가르기 하기
	3일	세 수의 덧셈
	4일	세 수의 뺄셈
	5일	10이 되는 더하기
5주	1일	10에서 빼기
	2일	10을 만들어 더하기(1)
	3일	10을 만들어 더하기(2)
	4일	10을 이용하여 모으기와 가르기
	5일	(몇)+(몇)=(십몇)(1)
6주	1일	(몇)+(몇)=(십몇)(2)
	2일	(몇)+(몇)=(십몇)(3)
	3일	(십몇)−(몇)=(몇)(1)
	4일	(십몇)−(몇)=(몇)(2)
	5일	(십몇)−(몇)=(몇)(3)

2주의 2일~5일, 3주 전체: 받아올림이 없는 덧셈과 받아내림이 없는 뺄셈
5주의 2일~6주 전체: 받아올림이 있는 덧셈과 받아내림이 있는 뺄셈

매일매일 공부 습관을 길러 주는
미래엔의 신개념 학습지

하루
한장

MiraeN 에듀